技师学院"十三五"系列教材

职业素养与就业指导

主　编　任庆凤　李兴华
副主编　周忠云　滕亚萍　张　涛
参　编　安延珍　郁永娜　韩广存
　　　　杨　霞　刘家军　黄玉琦
　　　　李长军　达庆珺　朱俊达　王　津
主　审　赵存柱

机械工业出版社

本书遵循职业教育的特点，深入贯彻党的教育方针，落实立德树人的根本任务，对职业院校学生进行理想信念教育、社会主义核心价值观教育、职业道德教育、法制教育、文明上网教育、心理健康教育、中国传统文化教育，指导学生树立正确的世界观、人生观、价值观。本书主要内容包括：理想信念、社会主义核心价值观、职业生涯规划与职业道德修养、人际沟通、心理健康、社交礼仪、网络文明与安全、法的理论及职业相关法。

本书既可作为职业院校加强思想政治教育、培养高素质技能人才的教材，也可作为即将踏入职场的新员工培训用书，还可用于职场员工提升个人素养。

图书在版编目（CIP）数据

职业素养与就业指导／任庆凤，李兴华主编.—北京：机械工业出版社，2019.8（2020.2 重印）
技师学院"十三五"系列教材
ISBN 978-7-111-63158-3

Ⅰ.①职… Ⅱ.①任… ②李 Ⅲ.①职业道德-职业教育-教材 ②职业选择—职业教育—教材 Ⅳ.①B822.9 ②G717.38

中国版本图书馆 CIP 数据核字（2019）第 155372 号

机械工业出版社（北京市百万庄大街22号 邮政编码100037）
策划编辑：陈玉芝　　　　　　　责任编辑：陈玉芝
责任校对：乔荣荣　潘　蕊　　　封面设计：马精明
责任印制：郜　敏
河北鑫兆源印刷有限公司印刷
2020年2月第1版第2次印刷
184mm×260mm・9.5 印张・203 千字
3001—6000 册
标准书号：ISBN 978-7-111-63158-3
定价：29.80 元

电话服务　　　　　　　　　　　网络服务
客服电话：010-88361066　　　　机　工　官　网：www.cmpbook.com
　　　　　010-88379833　　　　机　工　官　博：weibo.com/cmp1952
　　　　　010-68326294　　　　金　书　网：www.golden-book.com
封底无防伪标均为盗版　　　　　机工教育服务网：www.cmpedu.com

前　言

在 2019 年 3 月 18 日召开的学校思想政治理论课教师座谈会上，习近平总书记在讲话中强调："办好思想政治理论课，最根本的是要全面贯彻党的教育方针，解决好培养什么人、怎样培养人、为谁培养人这个根本问题。"如何全面贯彻党的教育方针，做到"给学生心灵埋下真善美的种子，引导学生扣好人生第一粒扣子"是当前思想政治理论课教学的主要任务。

本书遵循职业教育的特点，深入贯彻党的教育方针，落实立德树人的根本任务，用习近平新时代中国特色社会主义思想铸魂育人，旗帜鲜明地对职业院校学生进行理想信念教育、社会主义核心价值观教育、职业道德教育、法制教育、文明上网教育、心理健康教育、中国传统文化教育，推动习近平新时代中国特色社会主义思想"进教材、进课堂、进学生头脑"，指导学生树立正确的世界观、人生观、价值观，努力培养 21 世纪高素质创新型技能人才。

本书突出职业教育教材的特点，融理论、案例、个人成长练习为一体，做到了思想性、实用性、趣味性的有机统一。本书的特点具体归纳为六个"三结合"。

（1）教育思想的三结合　即党的教育方针、习近平新时代中国特色社会主义思想和学校思想政治理论课教师座谈会精神相结合。本书全文始终围绕贯彻新时代思想政治工作要求展开，大力弘扬工匠精神、劳模精神、沂蒙精神、西柏坡精神、井冈山精神、焦裕禄精神，贴近当前意识形态建设工作。

（2）教育对象的三结合　即在校学生、职场员工和企业在职培训人员三结合。职业教育实质上就是就业教育。今天的职教学生就是明天的职场人士。因此，本书突出了现代社会职场对员工的本质要求，讲述了理想信念、社会主义核心价值观、健康心态、有效沟通、社交礼仪、网络文明和法律常识等职场必备的素质与能力。

（3）教学目标的三结合　即知识目标、能力目标和情感目标三结合。本书综合运用了管理学、心理学、职业道德、人际关系学和法学等多种学科的知识，在章节安排、案例链接等方面信息量大、趣味性强，做到了知识转化为能力，能力内化为情感。

（4）教材内容的三结合　即理想信念、职业道德和就业能力三结合。本书将职教学生进入职场前的职业素养编排了八章内容，将理想信念、职业道德、就业指导、人际沟通、社交礼仪、网络安全教育、法律知识融为一体，体现了科学性和实用性，堪称职业素质培养的一份"套餐"。

（5）教学方法的三结合　即教师讲授、师生课堂互动和个人成长练习三结合。本书教法灵活、学法多样，通过"自查""想一想""个人成长练习"等模块，体现了小组合作、个人探究、理论联系实践的教法和学法。

（6）正文结构的三结合　即理论论证、思维引导和故事讲述三结合。本书图文并茂，选择了大量表格、图片、问题启发、名人名言、相关故事案例，从内容到形式都体现了该书的可读性和时代特色。

此外，为方便教师授课，本书还配备了实用、完整的PPT课件。

本书由任庆凤、李兴华担任主编，周忠云、滕亚萍、张涛担任副主编，李长军、刘家军、达庆珺、杨霞、郁永娜、黄玉琦、安延珍、韩广存、朱俊达、王津参加编写。全书由任庆凤、李兴华统稿，由赵存柱负责审稿。在本书编写过程中，参考了部分网站和平台的相关资料，对这些成果的作者和平台表示感谢。本书部分图片由山东交通技师学院交通工程学院师生提供。

由于编者水平有限且编写时间仓促，书中难免存在不足之处，恳请广大读者批评指正。

编　者

目 录

前 言

第一章 理想信念 · 001
第一节 理想信念概述 · 001
一、理想信念的基本概念 · 001
二、理想信念需要转化为现实 · 003
三、理想信念在成长中的作用 · 003
四、在实践中放飞青春理想 · 006

第二节 中国特色社会主义共同理想 · 010
一、个人理想与共同理想 · 010
二、坚定中国特色社会主义共同理想 · 012
个人成长练习 · 015

第二章 社会主义核心价值观 · 016
第一节 社会主义核心价值观概述 · 016
一、社会主义核心价值观的定义和内容 · 016
二、社会主义核心价值观的价值目标 · 020

第二节 社会主义核心价值观的发展与意义 · 021
一、社会主义核心价值观的发展历程 · 021
二、社会主义核心价值观在中华民族伟大复兴中的核心作用 · 024

第三节 培养和践行社会主义核心价值观 · 025
一、培养和践行社会主义核心价值观的基本原则 · 025
二、培养和践行社会主义核心价值观的途径 · 026
三、社会主义核心价值观的实践活动 · 027
个人成长练习 · 030

第三章 走进职业 · 031
第一节 职业和职业定向 · 031
一、职业和职业资格 · 031

　　　　二、职业的定向与选择 ………………………………………………………… 033
　　　　三、职业的发展 …………………………………………………………………… 035
　　第二节　职业生涯规划 ……………………………………………………………… 037
　　　　一、职业生涯与职业生涯规划 ………………………………………………… 037
　　　　二、职业生涯规划的制定 ……………………………………………………… 037
　　　　三、自主创业 ……………………………………………………………………… 039
　　第三节　职业道德修养 ……………………………………………………………… 042
　　　　一、职业道德概述 ………………………………………………………………… 042
　　　　二、我国职业道德的基本规范 ………………………………………………… 043
　　　　三、职业道德修养的方法和途径 ……………………………………………… 047
　　　　个人成长练习 …………………………………………………………………… 048

第四章　人际沟通 …………………………………………………………………… 049
　　第一节　人际沟通概述 ……………………………………………………………… 049
　　　　一、人际沟通的概念 ……………………………………………………………… 049
　　　　二、有效沟通的策略 ……………………………………………………………… 050
　　　　三、人际沟通的方式 ……………………………………………………………… 051
　　第二节　有效沟通的技巧 …………………………………………………………… 054
　　　　一、倾听 …………………………………………………………………………… 054
　　　　二、提问 …………………………………………………………………………… 056
　　　　三、表达 …………………………………………………………………………… 057
　　　　四、反馈 …………………………………………………………………………… 058
　　　　五、选择合适的话题 ……………………………………………………………… 059
　　第三节　职场沟通的技巧 …………………………………………………………… 060
　　　　一、与不同气质类型的人沟通 ………………………………………………… 060
　　　　二、与领导沟通 …………………………………………………………………… 060
　　　　三、跨文化沟通 …………………………………………………………………… 062
　　　　四、求职面试沟通的技巧 ……………………………………………………… 064
　　　　个人成长练习 …………………………………………………………………… 066

第五章　心理健康 …………………………………………………………………… 067
　　第一节　心理健康概述 ……………………………………………………………… 067
　　　　一、心理健康的认知 ……………………………………………………………… 067
　　　　二、心理健康的一般表现 ……………………………………………………… 069
　　　　三、心理健康的重要意义 ……………………………………………………… 071

第二节　培养健康心态 ··· 073
　　一、影响心理健康的因素 ··· 073
　　二、培养健康心态的基本方法 ··· 074
　　三、提高管理情绪的能力 ··· 076

第三节　真诚宽厚交友与正常异性交往 ··· 080
　　一、友谊的含义、特征及其重要作用 ·· 081
　　二、友谊的建立与发展 ·· 082
　　三、正确对待异性友谊 ·· 085
　　个人成长练习 ··· 087

第六章　社交礼仪 ·· 088

第一节　社交礼仪概述 ·· 088
　　一、社交礼仪的含义和特点 ·· 088
　　二、社交素质的要求 ··· 089
　　三、社交礼仪的原则 ··· 090
　　四、社交礼仪的作用 ··· 090

第二节　个人礼仪的基本要求 ··· 092
　　一、仪容美 ··· 092
　　二、服饰美 ··· 094
　　三、仪态美 ··· 096
　　四、人际交往距离 ·· 098

第三节　常用的社交礼仪 ··· 098
　　一、日常交往礼仪 ·· 098
　　二、交通礼仪 ·· 102
　　三、中餐礼仪 ·· 103
　　四、西餐礼仪 ·· 106
　　五、电话与网络礼仪 ··· 107
　　六、面试礼仪 ·· 108
　　个人成长练习 ··· 110

第七章　网络文明与安全 ··· 111

第一节　网络文明 ·· 111
　　一、网络文明概述 ·· 111
　　二、网络文明对人类文明的影响 ·· 112
　　三、网络文明的原则 ··· 113
　　四、文明上网的要求 ··· 114

第二节　网络安全 ··· 116
　　一、网络安全概述 ··· 116
　　二、影响网络安全的因素 ·· 117
　　三、网络安全防范 ··· 119
　　个人成长练习 ·· 124

第八章　法的理论及职业相关法 ··· 125
第一节　法的基础知识 ··· 125
　　一、法的起源 ·· 125
　　二、法的定义 ·· 126
　　三、法的本质和规范作用 ·· 127
　　四、学习法律的意义 ··· 128
第二节　我国社会主义法治理念和法律体系 ·· 129
　　一、社会主义法治理念的定义和基本内容 ·· 129
　　二、我国社会主义法律体系概述 ·· 130
　　三、我国社会主义法律体系中的代表法 ·· 130
第三节　职业相关法 ··· 137
　　一、法律在职业中的作用 ·· 137
　　二、与职业发展相关的法律 ·· 137
　　三、学会处理职业生涯中的劳动争议 ·· 140
　　个人成长练习 ·· 142

参考文献 ··· 143

第一章 理想信念

学习目标

☆ 理解理想信念的基本概念。
☆ 分析理想信念与现实的辩证关系，树立理想转化为现实的信心。
☆ 做好个人理想和中国特色社会主义共同理想的完美统一。
☆ 在实践中完成理想信念的升华。

引导案例

广大青年一定要坚定理想信念。"功崇惟志，业广惟勤。"理想指引人生方向，信念决定事业成败。没有理想信念，就会导致精神上"缺钙"。中国梦是全国各族人民的共同理想，也是青年一代应该牢固树立的远大理想。中国特色社会主义是我们党带领人民历经千辛万苦找到的实现中国梦的正确道路，也是广大青年应该牢固确立的人生信念。

第一节 理想信念概述

一、理想信念的基本概念

1. 理想的含义及特征

（1）理想的含义　理想是人们在实践中形成的、有实现可能性的、对未来社会和自身发展目标的追求和向往，是人们的世界观、人生观和价值观在奋斗目标上的集中体现。

由此可见，理想来源于现实的实践活动，具有实现的可能性，是对未来的美好向往和目标追求。相对于空想和幻想而言，理想符合客观规律和社会发展趋势，具有先进性与追求的价值，同时具备实现的社会历史条件。

（2）理想的基本特征

1）时代性。理想带有时代的烙印，不仅受时代条件的制约，而且随着时代的发展而发展，就像诗人流沙河在诗中写的："饥饿的年代，理想是温饱；温饱的年代，理想是文明。"

2) 现实性。理想源于现实又超越现实。理想是在现实中产生，并与奋斗目标相联系的未来的现实，是人们要求和希望的集中表达。

3) 预见性。理想能基于客观或科学的逻辑来预见未来的现实。理想超越了今天的实践，同时为进一步实践指明了方向。

2. 信念的含义及特征

（1）信念的含义　信念是认知、情感和意志的有机统一体，是人们在一定认知基础上确立的对某种思想或事物坚信不疑，并身体力行的心理状态和精神状态。

（2）信念的基本特征

1) 执着性。人们在追求理想过程中的强大精神动力，会使人们形成坚贞不渝、百折不挠的优秀品质。

2) 多样性。个体由于所处的社会环境、思想观念、利益需要、人生经历、性格特征等方面的差异，会形成各种不同的信念。需要明确的是，信念既有差异性的信念也有共同的信念。

3) 科学性。科学性是指信念即是真理反映客观，遵循逻辑和规律，比较理性。

案例链接

一壶沙子变成了一壶清冽的泉水

一支探险队头顶似火骄阳在沙漠中艰难地跋涉，队员们挥汗如雨，口干舌燥。最糟糕的是，他们没有水了。一个个队员像塌了架，丢了魂，不约而同地将目光投向队长，这可怎么办？

队长从腰间取出一个水壶，双手举起来，用力晃了晃，惊喜地喊道："我这里还有一壶水！但走出沙漠前，谁也不许喝。"队长把沉甸甸的水壶依次传递到每个队员手上，一张张本已绝望的脸上显露出了坚毅的笑容，一定要走出沙漠的信念支撑他们一步一步地向前挪动。队员们看着那个水壶，抿抿干裂的嘴唇，陡然增添了巨大的力量。

最终，他们走出茫茫无垠的沙漠，喜极而泣。大家久久凝视着那个给了他们信念支撑的水壶。

队长小心翼翼地拧开水壶盖，缓缓流出的却是一缕缕沙子。他诚挚地说："只要心里有坚定的信念，干枯的沙子有时也可以变成清冽的泉水。"

 自己怎样做才会实现"一壶沙子变成一壶清冽的泉水"？

3. 理想与信念的关系

理想信念是人类赖以存在和发展的强大精神力量，是人们不可或缺的精神品质。理想是信念的根据和前提；信念是实现理想的重要保障。理想与信念辩证统一、相辅相成，共称理想信念。

二、理想信念需要转化为现实

1. 理想与现实辩证统一

理想与现实有一定的差距，理想高于现实，是现实的升华。理想指向未来，比现实更美好。

现实是理想的基础，理想是未来的现实。一方面，现实中包含有理想的成分，孕育着理想。另一方面，理想中包含着现实，既包含着现实中必然发展的因素，又包含着理想转化为现实的条件，一定条件下理想可以转化为未来的现实。

2. 在实践中把理想信念转化为现实

理想信念如何转化为现实？只有实践才是通往理想彼岸的桥梁。当代文学家、诗人艾青说："梦里走了很多路，醒来还是在床上。"这提醒我们要想实现自己的理想信念，只有现在好好学习知识和技能，才能为未来走向职场打拼创造良好的条件。

三、理想信念在成长中的作用

1. 抓住人生发展的关键期

青春期是学习的黄金时期、智力发展的高峰期、创造力发展的最佳时期，也是人生的奠基时期、人生发展的"关键期"或"黄金期"。青春是活力的象征，它蕴含着智慧、勇敢和意志。要珍惜青春期的美好人生阶段，树立远大理想并为之努力奋斗，抓住青春期的机遇更有利于成才，青春期最具潜在力量和创造性。

资料链接

埃里克森的人生发展八个阶段

著名心理学家爱利克·埃里克森提出人格的社会心理发展理论：把心理的发展划分为八个阶段，指出每一阶段的特殊社会心理任务，并认为每一阶段都有一个特殊矛盾，矛盾的顺利解决是人格健康发展的前提。人生发展的八个阶段见表1-1。

表 1-1　人生发展的八个阶段

阶段	危机	解决	未解决	品质
婴儿期 (0~1.5岁)	基本信任对基本不信任	需求得到满足的信心	对不确定的满足导致的愤怒	希望
儿童早期 (1.5~3岁)	自主对羞怯和疑虑	来源与自我控制的独立	对被控制导致的疏远	意志力
学前期 (3~6岁)	自主对内疚	作用与欲望、冲动和潜能	良心一直追求	目的
学龄期 (6~12岁)	勤奋对自卑	集中注意力与"工具世界"	缺乏技能和地位	能力
青春期 (12~18岁)	同一性对同一性混乱	确信一致性可由他人看出	先前同一性发展失败	忠诚
成年早期 (18~40岁)	亲密对孤独	与他人的同一性相融合	没有亲密关系	爱
成年中期 (40~65岁)	生产感对无用感	对社会和社区做贡献	疏远感	满足感
成年晚期 (65岁以上)	繁殖对停滞	指导下一代成长	成熟过程的延滞	关心

2. 理想信念的作用

（1）明确奋斗目标　19世纪中期俄国批判现实主义作家、思想家与哲学家——托尔斯泰说："理想是指路明灯，没有理想，就没有坚定的方向；没有方向，就没有生活。"理想信念犹如引航的灯塔、远行的指南针，为正值青春的学生指明了人生道路前行方向，勇往直前地奔向个人和社会期望的目标。社会化变革的新时代里充满竞争的同时也充满着各种各样的诱惑，面对多元文化和价值的冲突容易产生困惑，没有崇高理想信念就难以抵抗诱惑，容易产生懈怠，迷失自我，甚至偏离人生航向。

> 志不立，天下无可成之事。
> ——（明）王守仁

资料链接

人生目标调查

卡耐基曾对世界上10000个不同种族、年龄与性别的人进行过一次人生目标的调查。调查发现，3%的人能够明确目标，并知道怎样把目标落实，而另外97%的人，要么根本没有目标，要么目标不明确，要么不知道怎样去实现目标。

10年之后，对上述对象再一次进行调查，结果令他吃惊。调查样本总量的5%找不到了，95%的人还在。属于原来97%范围的人，除了年龄增长10岁以外，在生活、工作、个人成就上几乎没有太大的起色，还是那么普通。而原来与众不同的3%的人，却在各自的领域里都取得了成功，他们10年前提出的目标，都在不同程度上得以实现，并正在按原来的人生目标走下去。卡耐基的结论同样令我们震惊：杰出人士与平庸之辈最根本的差别，不在于天赋，也不在于机遇，而在于有无明确的人生目标，更在于能否坚持自己的人生目标。

1. 从卡耐基的调查结果，谈一下人生目标的重要性。
2. 我的人生目标是什么？我该怎样去实现目标？

（2）提供前进动力　理想信念是人生前进的精神动力，是一个人生命的加油站。理想信念为正值青春的学生在解决未来面临的一系列人生重大课题，如人生目的的确立、发展方向的确定、工作岗位的选择、如何面对挫折及克服困难等，提供了一个总的原则和目标。此外，理想信念在方向选择和价值判断上会给予支撑与力量。

（3）提高精神境界　理想信念是人的精神生活核心的组成部分，是人生的精神支柱，在人生发展过程中提升了人的精神境界。正值青春的学生，只有在科学的理想信念引导下，才能制定出正确的人生目标、有效的实施方案，并逐步实现目标，从而养成高尚的情操。

资料链接

长征是一部英雄史诗

《红星照耀中国》（又称为《西行漫记》）是由美国著名记者埃德加·斯诺所著。他本着严肃的新闻态度和强烈的追问意识，真实记录了自1936年6月至10月在中国西北革命根据地（以延安为中心的陕甘宁边区）的所见所闻。

在《红星照耀中国》中，埃德加·斯诺描绘的中国共产党人和红军战士坚韧不拔、英勇卓绝，以及领袖人物的伟大而平凡的精神风貌，至今仍闪烁着勇敢、自信、乐观、奉献的光辉。埃德加·斯诺对长征表达了钦佩之情，称赞长征是一部英雄史诗，是现代史上无与伦比的一次远征。他用毋庸置疑的事实向世界宣告：中国共产党及其领导的革命事业犹如一颗闪亮的红星不仅照耀着中国的西北，而且必将照耀全中国，照耀全世界。

1. 是什么样的理想信念支撑着红军克服万难取得了长征胜利？
2. 长征精神在新时代所具备的价值是什么？

四、在实践中放飞青春理想

1. 树立科学的世界观、人生观、价值观

青年学生要想把理想转化为现实,必须具备科学的世界观、人生观、价值观,这是确立和指导理想与信念的重要前提。

(1)世界观 世界观是人们对世界的基本看法和观点。它建立于一个人对自然、人生、社会和精神的科学的、系统的、丰富的认识基础上。世界观对理想信念起支配作用和导向作用。马克思主义世界观是产生于实践的唯物主义世界观,是有史以来最科学、最进步的世界观。青年学生应该树立马克思主义世界观。

(2)人生观 人生观是人们对于人生目的和意义的根本看法和态度。人生观包含三个问题:人究竟为什么活着、人怎样对待人生、人如何生活才有价值和意义。马克思主义人生观倡导为人民服务的人生目的,倡导积极进取的人生态度,倡导"主要看奉献"的人生价值标准。青年学生应该树立全心全意为人民服务的人生观。

(3)价值观 价值观是个体以自己的需要为基础,对事物的重要性进行评价时所持的内部尺度。价值观决定人的自我认识,它直接影响和决定一个人的理想、信念、生活目标和追求方向。习近平总书记说:"青年的价值取向决定了未来整个社会的价值取向。"青年学生应该树立和践行社会主义核心价值观。

 沉迷于电竞游戏与凉山救火英雄哪个更能彰显正确的三观?

2. 正确认识实现理想信念过程的长期性、艰巨性和曲折性

把理想信念变为现实需要一个过程,不能一蹴而就、一劳永逸,往往会历经各种艰难坎坷。理想信念转化为现实需要具备战胜各种艰难险阻的坚强意志、乐观态度、敢于拼搏的胆略和勇于奉献的精神。青年学生要努力掌握现代科学知识和技能,培养良好的综合素质和创新能力。同时,实现理想的一个重要条件是艰苦奋斗,要养成艰苦奋斗的人生品质,把理想信念逐步变为现实。

正确对待人生的顺境和逆境。顺境是人们渴求事事顺利的理想境遇,能对心智的成长、认知的提升、性情的陶冶创造有利的条件,与逆境相对。人生一世,难免会经历顺境与逆境。只是顺境有利于充分发展,逆境更有助于意志磨炼。青年学生不论处于何种境遇,都应该正视现实。正所谓:"顺境能节制,逆境方坚韧;智者不以境役心,要以心制境。"善待顺境,挑战逆境,以积极乐观的态度面对人生,让自己变得更加强大。

资料链接

漆鲁鱼行乞千里寻党

漆鲁鱼，重庆江津人，1929 年加入中国共产党。

红军长征时，漆鲁鱼在反击敌人的一次围剿中与部队走散，不幸被捕，获释后，同党失去了联系，但他急切盼望找到党组织。

于是，身无分文的他一路乞讨，从瑞金出发，经会昌、寻邬、定南、和平等地辗转来到兴宁，未能找到战友。他又沿路南下，经丰顺、揭阳、潮州等地来到汕头，希望能在自己曾工作过的秘密交通站与党取得联系。然而，该交通站已经撤销，曾经患难与共的战友也不知去向。他又辗转来到上海，后来又辗转回到江津老家，次年春又前往重庆继续寻找。1937 年 10 月，漆鲁鱼在重庆接受了审查，审查清楚后，恢复了党籍，他才得以重新回到党组织的怀抱。

漆鲁鱼与党组织失去联系后，怀着坚定的革命理想信念，立志一定要找到党组织。在身无分文的情况下，他辗转广东兴宁、汕头和上海等地，艰辛跋涉，坎坷连连，在党史上留下了一段千里寻党的佳话。

 无论身处顺境还是逆境都需要如何做才能取得成功？

3. 树立终身学习的理念

进入知识经济时代，一个人要想在人生道路上赢得主动、赢得优势、赢得未来，就必须通过学习加快知识更新，优化知识结构，拓宽眼界和视野。这不仅要求具备学习能力，还得树立终身学习的理念。

图书室

终身学习是指社会每个成员为适应社会发展和实现个体发展的需要，贯穿于人的一生、持续的学习过程。国际21世纪教育委员会在向联合国教科文组织提交的报告中指出："终身学习是21世纪人的通行证。"终身学习能使我们克服工作中的困难，解决工作中的新问题，能满足我们生存和发展的需要；能使我们得到更大的发展空间，更好地实现自身价值；能充实我们的精神生活，不断提高生活品质。因此，终身学习才是人生成功的关键。

　　养成终身学习的信念需要从以下几方面着手：一是培养浓厚的学习兴趣，兴趣是最好的老师；二是培养良好的学习习惯，包括主动的、不断探索的、自我更新的、学以致用的和优化知识的习惯；三是制订切实可行的目标与计划并付诸实施；四是及时总结反思，这样学过的知识才能在大脑中沉淀、消化、吸收，才能变成自己的东西，正所谓："学而不思则罔，思而不学则殆。"

资料链接

21天效应

　　在行为心理学中，人们把一个人的新习惯或理念的形成并得以巩固至少需要21天的现象，称为21天效应。

　　我国成功学专家易发久研究发现，习惯的形成大致分为三个阶段。第一阶段：1~7天，此阶段表现为"刻意，不自然"，需要十分刻意地提醒自己。第二阶段：7~21天，此阶段表现为"刻意，自然"，但还需要意识控制。第三阶段：21~90天，此阶段表现为"不经意，自然"，无须意识控制。

　　需要注意的是，21天效应不是说一个新理念、新习惯只要经过21天便可形成，而是21天中这一新理念、新习惯要不断地重复才能产生效应。

　　行为科学研究表明，人95%的行为都受理念支配，都属于习惯性的行为。由此可见，习惯、理念具有巨大的作用。因此，形成良好的新理念、新习惯就显得格外重要，千万不要忽视理念、习惯的作用。

1. 我在学习上有哪些好习惯？
2. 我在学习上有哪些坏习惯，如何改正？

4. 注重实践

　　习近平总书记说："伟大梦想不是等得来、喊得来的，而是拼出来、干出来的。"实践是实现理想信念的根本途径。把理想信念转化为现实要靠实实在在的实践。老子在《道德经》里说："千里之行，始于足下。"实践就得从现在做起，从我做起。荀子在《劝学》中讲："不积跬步，无以至千里；不积小流，无以成江海。"实践就得从小事做起，从平凡的工作做起。荀子在《劝学》中还讲到："锲而舍之，朽木不折；锲而不舍，金石可镂。"实践就要持之以恒。只要坚韧不拔、百折不挠，成功就一定在前方等你。正值青春的学生要志存高远、脚踏实地、埋头苦干，充分实现自己的抱负和激情，用勤劳的双手成就属于自己的精彩人生。

案例链接

"时代楷模" 王传喜

王传喜，现任山东省临沂市兰陵县卞庄街道代村社区党委书记、村委会主任。

代村村容村貌

1999年3月，王传喜毅然辞掉了兰陵县第二建筑公司项目部经理的职务，回村担任党支部书记和村委会主任。自此，王传喜秉持着"既然我当了书记，就一定要带领大家过上和城里人一样的好日子！"的理想信念，带领代村干部群众脚踏实地、艰苦创业，自力更生偿清巨额陈年积账，调整土地破解人地不均积弊，拆旧立新建起高标准农村社区，步步为营实现万亩土地集约经营，从20世纪90年代负债380多万元的"落后村"发展成为集体产业总产值26亿元、纯收入1.1亿元、村民人均纯收入高达6.5万元的"模范村"。

王传喜用实际行动证明了他心系群众、服务人民的为民情怀，以身作则、清正廉洁的高尚品德。正如他所说："德才兼备，德为先，公心也是德，这是当好村干部的前提。"自从担任村干部以来，他从未向群众伸过一次手，从未吃过群众请的一顿饭，从未收过群众送的一次礼。

王传喜获得了"全国劳动模范""全国优秀共产党员""山东省优秀共产党员"等荣誉称号，2017年6月，当选为中共十九大代表。2018年6月29日，中央宣传部授予王传喜"时代楷模"称号。

这些都有力证明了，要在实实在在的实践中实现理想信念。

想一想 王传喜用自身实际行动体现了怎样的理想信念？

第二节　中国特色社会主义共同理想

一、个人理想与共同理想

1. 个人理想和共同理想的含义

（1）个人理想　个人理想是指在一定历史条件下和社会关系中的个体对自己未来物质和精神生活所产生的向往和设想，如个体的职业理想、生活理想和道德理想。树立正确的个人理想，对促进个体全面发展具有重要的现实意义，也关系着国家的未来和发展。当代青年学生应当在职业理想上把社会发展需求和自身实际结合起来，争取成为有用人才；在生活理想上要积极追求健康高尚的生活方式，努力做生活的强者；在道德理想上要养成良好的品德，成为高尚的人。

> **案例链接**
>
> **张海迪的理想追求**
>
> 张海迪，汉族，山东省文登市人，中国著名残疾人作家，哲学硕士，英国约克大学荣誉博士。张海迪五岁时因患脊髓血管瘤导致高位截瘫，从此，开始了她独特的人生。
>
> 1970年，张海迪15岁的时候，跟着父母到农村生活。她处处为别人着想，为人民做事。她主动到学校教学生唱歌，同时读医学书籍、学针灸，为群众无偿治疗达1万多人次。1983年，张海迪获得"八十年代新雷锋"和"当代保尔"的美誉。邓小平亲笔题词："学习张海迪，做有理想、有道德、有文化、守纪律的共产主义新人！"1991年，张海迪在做过癌症手术后，以自身的勇气证实着生命的力量。她说："像所有矢志不渝的人一样，我把艰苦的探询本身当作真正的幸福。"
>
> 张海迪多年来还做了大量的社会工作，在本职岗位和社会工作中自强不息，以满腔的热忱和高尚的品格服务社会，奉献人民，在广大人民群众中有很高的声誉和威望，是一个经得起时间考验的优秀典型。
>
> 张海迪说："我像颗流星，要把光留给人间，把一切奉献给人民。""活着，就要为人民做事。"张海迪把为社会、为人民做事，当成最大的幸福和理想。

想一想　我现在的个人理想是什么？

（2）共同理想　共同理想是指一定社会的阶级或个人对未来社会制度和政治结构的追

求、向往和设想，包括对未来社会的政治、经济、文化结构等设想，也是社会全体成员的共同理想，是全体社会占主导地位的共同奋斗目标。党的十九大报告指出，夺取新时代中国特色社会主义伟大胜利，把我国建成为富强民主文明和谐美丽的社会主义现代化强国，实现中华民族伟大复兴，是新时代全国各族人民的共同理想。青年学生都应当充分认识和理解我国当前的共同理想目标，坚定马克思主义信仰，对党和政府建设现代化国家的宏伟目标充满信心。

资料链接

马克思的共同理想观点

马克思说："由社会全体成员组成的共同联合体来共同而有计划地尽量利用生产力；把生产发展到满足全体成员需要的规模；消灭牺牲一些人的利益来满足另一些人需要的情况；彻底消灭阶级和阶级对立；通过消除旧的分工，进行生产教育、变换工种、共同享受大家创造出来的福利，以及城乡的融合，使社会全体成员的才能得到全面的发展。"

2. 个人理想与共同理想的关系

（1）个人理想与共同理想相辅相成　一方面，共同理想决定和制约着个人理想，个人理想只有顺应共同理想并进行选择和确立，才有可能最终实现个人的理想目标。另一方面，个人理想是共同理想的体现，共同理想反映的是全体人民的共同愿望，代表了全体人民的共同利益取向，但要靠全部个人理想实践活动来共同实现，没有个人理想的积累，共同理想也无法实现。

（2）个人理想必须服从共同理想　共同理想为整个社会提供最高奋斗目标，只有确定符合时代要求的共同理想，整个社会才能有新发展方向。个人理想必须服从共同理想，这是因为个人脱离不了社会生态，所以只有整个社会有了崇高的共同理想，才能引导和保障个人理想的实现，推动社会的繁荣稳定。

3. 个人理想需要融入共同理想

个人理想只有同国家前途和民族命运相结合，只有同社会需要和人民利益相一致，才是有意义的。为了实现中国特色社会主义共同理想，必须坚持四项基本原则，加快建设我国社会主义现代化事业，早日实现我国各族人民的共同理想。当代青年学生，应当努力学习各项本领，树立远大理想，为个人理想努力打拼，尽早实现目标成果，引导自己走向成功；要脚踏实地做好每件事，做到爱岗敬业、开拓进取和勇于创新；要努力把个人理想和奋斗融入共同理想的奋斗中去，在经受各种实践考验中打造坚定的理想信念。

资料链接

周恩来——为中华之崛起而读书！

少年周恩来在东关模范学校读书时，一次在学校修身课上，魏校长向同学们提出一个问题："请问诸生为什么而读书？"

"为明理而读书。""为做官而读书。"……同学们踊跃回答。

魏校长点名让周恩来回答。他站了起来，清晰而坚定地回答道："为中华之崛起而读书！"

魏校长听了为之一振，他睁大眼睛又追问了一句："你再说一遍，为什么而读书？"

少年周恩来雕像

"为中华之崛起而读书！"周恩来铿锵有力的话语，博得了魏校长的喝彩："好哇！为中华之崛起！有志者当效周生啊！"

周恩来就是把个人的读书理想融入中国人不想再受帝国主义欺凌的共同理想中去，为振兴中华而读书！在新民主主义革命时期和新中国建立后，周恩来一直为全中国的革命解放和国家建设鞠躬尽瘁，受人爱戴！

1. 周恩来的个人理想给我们什么启示？
2. 如何把个人理想融入全国各族人民的共同理想中去？

二、坚定中国特色社会主义共同理想

建成现代化强国和实现中华民族伟大复兴，是新时代全国各族人民的共同理想。这个共同理想，集中代表了我国各族人民的共同利益和愿望，是保证全国人民在政治上和精神上团结一致，克服困难，争取胜利的强大精神武器。为实现中国特色社会主义的共同理想，就需要坚定对中国共产党的信任，坚定走中国特色社会主义道路和坚定实现中华民族的伟大复兴。

1. 坚定对中国共产党的信任

坚定对中国共产党的信任首先应当坚定马克思主义信仰。马克思主义思想是在批判地继承之前人类思想文化深厚遗产中的优秀成果，通过对世界发展普遍规律和人类社会规律揭示的基础上形成的。其中，马克思主义以实践作为检验真理的唯一标准，把理论建立在实践的基础上，成为马克思主义真理性的最可靠保证。中国共产党之所以能够完成近代以来各种政治力量不可能完成的艰巨任务，就在于始终把马克思主义这一科学理论作为自己的行动指南，并坚持在实践中不断丰富和发展马克思主义。中国人民之所以实现了革命胜利和国家独立，就在于中国共产党在马克思主义的指导下，团结和带领中国人民实现了这样的伟大变革。

进入社会发展的新时代，仍然要坚定马克思主义信仰，认真研究马克思主义的经典，深刻感悟马克思主义真理的力量，把马克思主义的科学原理运用到党和国家的各项伟大事业的发展实践中去，继续推动中国特色社会主义建设进入新高度。

中国共产党是久经考验的马克思主义政党，是与时俱进，始终走在前列并肩负着人民希望的政党。中国共产党是中国各项事业的领导核心，这是经受住历史检验的。全国各族人民共同理想的实现，要建立在对中国共产党带领人民克服困难并锲而不舍地取得胜利的信任之上。

马克思主义是如何指导中国共产党取得革命胜利和国家建设事业发展成就的？

2. 坚定走中国特色社会主义道路的自信

中国特色社会主义道路，就是在中国共产党领导下，立足基本国情，以经济建设为中心，坚持四项基本原则，坚持改革开放，解放和发展社会生产力，巩固和完善社会主义制度，建设社会主义市场经济、社会主义民主政治、社会主义先进文化、社会主义和谐社会，建设富强民主文明和谐美丽的社会主义现代化强国。

中国社会主义道路，是在经历了君主立宪制等社会制度形式均行不通的情况下确立的。中国共产党带领全国各族人民实现了民族独立，建立了新中国，确立了社会主义基本制度，实现了中国历史上最广泛最深刻的社会变革。党的十一届三中全会以后，中国共产党通过综合研判社会发展情况，决定实行改革开放，建设中国特色社会主义。当今的中国，在经济总量、科技创新、国防实力、综合国力、人民生活水平和国际地位等方面有了显著提升。历史已经证明，只有社会主义才能救中国，只有中国特色社会主义才能发展中国，只有坚持和发展中国特色社会主义才能实现中华民族的伟大复兴，这是历史的选择。

坚定走中国特色社会主义道路的自信，就要求全国各族人民发挥历史主动性和创造性，不断推进理论创新、实践创新、制度创新及其他创新，要以新思路、新战略和新举措开辟中国特色社会主义事业新的境界。随着中国特色社会主义不断发展，我国各项制度必将越来越成熟，社会主义制度的优越性必将进一步显现，道路必将越走越宽广，对世界的影响必将越来越大。党领导全国人民取得的各项事业成就，坚定了各族人民走中国特色社会主义道路的信心。

查阅中国改革开放40多年来的主要成就，写一篇查阅和感想笔记。

资料链接

"四个自信"的内容

（1）"道路自信" 道路自信是对发展方向和未来命运的自信。坚持道路自信就是要坚定走中国特色社会主义道路，这是实现社会主义现代化的必由之路，是为近代历史反复证明的客观真理，是党领导人民从胜利走向胜利的根本保证，也是中华民族走向繁荣富强、中国人民幸福生活的根本保证。

（2）"理论自信" 理论自信是对马克思主义理论特别是中国特色社会主义理论体系的科学性、真理性的自信。坚持理论自信就是要坚定对共产党执政规律、社会主义建设规律、人类社会发展规律认识的自信，就是要坚定实现中华民族伟大复兴、创造人民美好生活的自信。

（3）"制度自信" 制度自信是对中国特色社会主义制度具有制度优势的自信。坚持制度自信就是要相信社会主义制度具有巨大优越性，相信社会主义制度能够推动发展、维护稳定，能够保障人民群众的自由平等权利和人身财产权利。

（4）"文化自信" 文化自信是对中国特色社会主义文化先进性的自信。坚持文化自信就是要激发党和人民对中华优秀传统文化的历史自豪感，在全社会形成对社会主义核心价值观的普遍共识和价值认同。

3. 坚定实现中华民族伟大复兴的信心

实现中华民族伟大复兴是近代以来中华民族最伟大的梦想。中国共产党自成立以来，就把实现共产主义作为党的最高理想和最终目标，肩负起实现中华民族伟大复兴的历史使命，团结带领全国各族人民进行了艰苦卓绝的斗争，取得了辉煌成就。现在的中国比历史上任何时期都更接近、更有信心和能力实现中华民族伟大复兴的目标。要坚信在党的领导下，树立拼搏与实干精神，经过全国各族人民一代一代的奋斗，一定能实现中华民族伟大复兴的目标。

资料链接

"中国梦"的提出

2012年11月29日，中共中央总书记习近平在国家博物馆参观"复兴之路"展览时，第一次阐释了"中国梦"的概念。他说："大家都在讨论中国梦。我认为，实现中华民族伟大复兴，就是中华民族近代以来最伟大的梦想。"他称，到中国共产党成立100周年时全面建成小康社会的目标一定能实现，到新中国成立100周年时建成富强民主文明和谐的社会主义现代化国家的目标一定能实现，中华民族伟大复兴的梦想一定能实现。

2013年3月17日,国家主席习近平在十二届全国人大一次会议闭幕会上,向全国人大代表发表自己的就任宣言。在将近25min的讲话中,习近平9次提及"中国梦",有关"中国梦"的论述一度被掌声打断。

个人成长练习

致:(你的姓名)_____   日期:_____

1. 我所崇拜的人物有_____。

2. 我崇拜他们所持有的精神有_____。

3. 我的人生理想信念是_____。

4. 为实现我的人生理想我要做到_____。

5. 我立志于做人做事中百炼成钢:

   有爱心的我要做到_____。

   有责任心的我要做到_____。

   有诚心的我要做到_____。

   光明磊落的我要做到_____。

   懂感恩的我要做到_____。

   讲效率的我要做到_____。

   守规则的我要做到_____。

   重细节的我要做到_____。

第二章 社会主义核心价值观

学习目标

☆ 了解社会主义核心价值观的基本内容。
☆ 理解社会主义核心价值观的定义和价值目标。
☆ 培养和践行社会主义核心价值观,提升爱国情,培养报国志。

引导案例

"今日之责任,不在他人,而全在我少年。少年智则国智,少年富则国富;少年强则国强,少年独立则国独立;少年自由则国自由,少年进步则国进步;少年胜于欧洲则国胜于欧洲,少年雄于地球则国雄于地球……"青少年是祖国和民族的希望,是未来建设的接班人,青少年思想道德建设关系国家的前途、民族的兴衰。因此,必须加强青少年思想道德建设。

青少年社会主义核心价值观的培育,有利于青少年树立正确的价值观,提高辨别各种思想意识的能力,自觉抵制各种腐朽的思想和价值观念的侵袭,提高文化和道德素养,养成良好的行为习惯,真正成为社会主义的建设者和接班人。

第一节 社会主义核心价值观概述

一、社会主义核心价值观的定义和内容

1. 社会主义核心价值观的定义

中共中央办公厅印发的《关于培育和践行社会主义核心价值观的意见》中指出,社会主义核心价值观是社会主义核心价值体系的内核,体现社会主义核心价值体系的根本性质和基本特征,反映社会主义核心价值体系的丰富内涵和实践要求,是社会主义核心价值体系的高度凝练和集中表达。

2. 社会主义核心价值观的内容

社会主义核心价值观的基本内容是富强、民主、文明、和谐，自由、平等、公正、法治，爱国、敬业、诚信、友善。

（1）富强　富强就是国家综合实力的强大和人民生活的共同富裕，这是马克思主义生产力观点的集中体现，也是社会主义的本质要求。

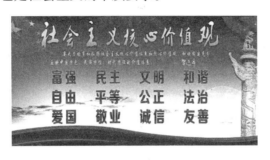

社会主义核心价值观

（2）民主　民主就是人民当家做主，这是马克思主义人民群众创造历史观点的集中体现，也是中国特色社会主义的根本特征。

案例链接

豆选

"金豆豆，银豆豆，豆豆不能随便投，选好人，办好事，投在好人碗里头。"这是20世纪40年代流传于延安的民谣，生动再现了陕甘宁边区在艰苦环境下运用"豆选法"进行选举的场景。所谓豆选法，就是发给投票人一定数目的豆粒，每粒表示一票。候选人背对投票者坐在台前，每人背后放一只碗。投票人鱼贯而过，认为信得过的，就在他的碗里放下一粒豆子，豆多者当选。

（3）文明　文明就是文化昌明，精神富足，高度的精神文明是中国特色社会主义的重要特征。

（4）和谐　和谐就是中国传统文化的核心价值理念，是人与人、人与自然、人与自身相互协调共进的一种良好状态，社会和谐是中国特色社会主义的本质属性。

（5）自由　自由是指人的意志自由、存在和发展的自由，是人类社会的美好向往，也是马克思主义追求的社会价值目标。

（6）平等　平等是指公民在法律面前一律平等，其价值取向是不断实现实质平等。它要求尊重和保障人权，人人依法享有平等参与、平等发展的权利。

（7）公正　公正是指社会公平和正义，它以人的解放、人的自由平等权利的获得为前提，是国家、社会必然的根本价值理念。

（8）法治 法治是指治国理政的基本方式，依法治国是社会主义民主政治的基本要求。它通过法制建设来维护和保障公民的根本利益，是实现自由平等、公平正义的制度保证。

资料链接

全面依法治国

2017年10月18日，习近平总书记在党的十九大报告中指出，深化依法治国实践。全面依法治国是国家治理的一场深刻革命，必须坚持厉行法治，推进科学立法、严格执法、公正司法、全民守法。成立中央全面依法治国领导小组，加强对法治中国建设的统一领导。各级党组织和全体党员要带头遵法学法守法用法，任何组织和个人都不得有超越宪法法律的特权，绝不允许以言代法、以权压法、逐利违法、徇私枉法。

（9）爱国 爱国是基于个人对自己祖国依赖关系的深厚情感，也是调节个人与祖国关系的行为准则。它同社会主义紧密结合在一起，要求人们以振兴中华为己任，促进民族团结、维护祖国统一、自觉报效祖国。

（10）敬业 敬业是对公民职业行为准则的价值评价，要求公民忠于职守，克己奉公，服务人民，服务社会，充分体现了社会主义职业精神。

> 人生自古谁无死，留取丹心照汗青。
> ——（南宋）文天祥

资料链接

用青春点燃飞天梦想——最年轻的探月工程设计师孙泽洲

当"嫦娥三号"在月球表面软着陆的那一刻，所有人都在欢呼，而他却掩面而泣。这一幕，被在场的许多媒体记者捕捉到了，一时间，这张年轻的面孔成为许多媒体关注的焦点。

他，就是孙泽洲。这个看上去仍然有些稚嫩的面孔，当时已经是中国航天科技集团公司的"嫦娥三号"探测器系统总设计师了。

有人曾经问过他："作为一个总设计师应该具备哪些方面的素质？"孙泽洲回答说："我在做副总设计师的时候，常常有这样的想法，就是跟着叶培建总工程师背靠大树，所以当我成为总设计师的时候也一样，我也要成为一棵大树，遇到什么困难的时候，要首先把责任承担起来。"

在孙泽洲看来，这份责任，来自祖国和人民的重托，来自他对航天事业的热爱。正如他所说的，对于航天人来说，爱国和敬业是一致的，每一个人做好自己的本职工作，演算好每一个数据，这种责任就是爱国。正是这份责任，使得他带领一支平均年龄只有33岁的年轻队伍，成功地将来自中国的"嫦娥""玉兔"送上月球，续写了中国航天人的新历史。

（11）诚信 诚信即诚实守信，是人类社会千百年传承下来的道德传统，也是社会主义道德建设的重点内容，它强调诚实劳动、信守承诺、诚恳待人。

案例链接

张瑞敏砸冰箱

海尔集团创业于1984年，当时是一个亏空147万元的集体小厂，"砸冰箱"事件改变了这家不知名小厂的命运。1985年12月的一天，时任青岛电冰箱总厂厂长的张瑞敏收到一封用户来信，反映工厂生产的电冰箱有质量问题。张瑞敏带领管理人员检查了仓库，发现仓库的400多台冰箱中有76台不合格。张瑞敏随即召集全体员工到仓库开现场会，问大家怎么办。当时多数人提出，这些冰箱是外观划伤，并不影响使用，建议作为福利便宜点儿卖给内部职工。而张瑞敏却说："我要是允许把这76台冰箱卖了，就等于允许明天再生产760台、7600台这样的不合格冰箱。放行这些有缺陷的产品，就谈不上质量意识。"他宣布，把这些不合格的冰箱全部砸掉，谁干的谁来砸，并抡起大锤亲手砸了第一锤。砸冰箱砸醒了海尔人的质量意识，砸出了海尔"要么不干，要干就要争第一"的精神。如今，海尔已经成为世界冰箱行业中销量排名第一的品牌，海尔集团已经成为世界四大白色家电制造商之一。这把砸毁不合格冰箱的"海尔大锤"如今收藏在中国国家博物馆中。它虽然不会说话，但却活生生地反映了在那个时代里中国企业、中国企业家抓质量、重信誉的历史，为后来的企业、行业树立了典范，是一件具有划时代意义的文物。

想一想 这个故事给予我们怎样的人生启迪？

（12）友善 友善强调公民之间应互相尊重、互相关心、互相帮助，和睦友好，努力形成社会主义的新型人际关系。

案例链接

善行义举榜

善行义举榜是中国传统教化资源的创造性转化和创新性发展，是弘扬人间真善美、传递社会正能量的良好平台，是推动社会主义核心价值观落细、落小、落实的有效抓手。近年来，全国各地结合实际，广泛设立善行义举榜，通过让百姓身边的好人好事上榜，推动社会主义核心价值观落细、落小、落实，在全社会形成"人人做好事、好人做好事、好事就上榜、好人有好报"的氛围。

1. 以上案例反映了社会主义核心价值观哪个方面的内容？
2. 生活中，还有哪些事例体现了社会主义核心价值观？

二、社会主义核心价值观的价值目标

1. 国家层面的价值目标:"富强、民主、文明、和谐"

"富强、民主、文明、和谐"是我国社会主义现代化国家的建设目标,也是从价值目标层面对社会主义核心价值观基本理念的凝练,在社会主义核心价值观中居于最高层次,对其他层次的价值理念具有统领作用。

实现全面建成小康社会,建成富强、民主、文明、和谐的社会主义现代化强国的奋斗目标,实现中华民族伟大复兴的中国梦,就是要实现国家富强、民族振兴、人民幸福,既深刻体现了中国人民的理想,也深刻反映了我们的先人不懈追求进步的光荣传统。

2. 社会层面的价值目标:"自由、平等、公正、法治"

"自由、平等、公正、法治"是对美好社会的生动表述,也是从社会层面对社会主义核心价值观基本理念的凝练。它反映了中国特色社会主义的基本属性,是我们党矢志不渝、长期实践的核心价值理念,反映了人类文明进步的价值。社会主义从一开始就把实现真实而全面的自由、平等、公正、法治作为价值观念和追求。

> 人人相亲,人人平等,天下为公,是谓大同。
> ——(清)康有为

自由、平等、公正、法治是中国特色社会主义价值取向,是我们在社会层面的价值目标。

3. 公民层面的价值准则:"爱国、敬业、诚信、友善"

"爱国、敬业、诚信、友善"是公民基本道德规范,是从个人行为层面对社会主义核心价值观基本理念的凝练。它覆盖社会道德生活的各个领域,是公民必须恪守的基本道德准则,也是评价公民道德行为选择的基本价值标准。

"爱国、敬业、诚信、友善"传承着中华民族的优良道德,反映着社会主义道德的基本要求,是公民社会活动的价值准则。培育和践行社会主义核心价值观,必须大力倡导爱国、敬业、诚信、友善。

案例链接

把幸福给你:"雷锋传人"郭明义 30 年的爱心之旅

辽宁鞍钢集团有一位普通工人,他只是铁矿管理人员,妻子是医院高级护士,本来家庭生活并不困难,但为了帮助别人,全家人过着清贫的生活。在他不到 40 平方米的家中,没有一件像样的家具,就连上大学放假回家的女儿也只能住在临时搭的床上。

他 15 年里每天提前 2 小时上班,16 年间为失学儿童、受灾群众捐款 12 万元,20 年来 55 次无偿献血,挽救了数十人的生命。

他追求纯粹，做好事不求人知，矢志不渝地追求真善美。他坚信奉献使人快乐、助人使人幸福，数十年如一日地用自己的博大爱心、满腔热血铸就了人间大爱，被誉为"爱心使者""雷锋传人"。

他常对妻子说，同那些特困家庭相比我们还算富裕，尽我们所能去帮助他们，会活得充实而快乐！

他就是毛泽东同志所说的那类"一个高尚的人，一个纯粹的人，一个有道德的人，一个脱离了低级趣味的人，一个有益于人民的人"。

 在日常学习、工作、生活中，你应该如何规范个人行为？

第二节　社会主义核心价值观的发展与意义

一、社会主义核心价值观的发展历程

中共中央办公厅印发的《关于培育和践行社会主义核心价值观的意见》明确提出，以"三个倡导"为基本内容的社会主义核心价值观，与中国特色社会主义发展要求相契合，与中华优秀传统文化和人类文明优秀成果相承接，是我们党凝聚全党全社会价值共识做出的重要论断。这一论述表明，社会主义核心价值观的发展形成，经历了一个长期的探索过程。

资料链接

"三个倡导"即党的十八大报告提出的倡导"富强、民主、文明、和谐"，倡导"自由、平等、公正、法治"，倡导"爱国、敬业、诚信、友善"，强调以此为内容，积极培育"社会主义核心价值观"。

1. 新民主主义革命时期核心价值观的培育和践行

中国共产党的性质，决定了在不同的历史时期我们党对核心价值观的培育和践行虽然具有不同的历史内涵，但在本质上必然是一脉相承的。"社会主义"作为我国新民主主义革命的目标，其价值观念和理想追求，必然贯穿于新民主主义始终。

1）马克思主义及其中国化理论体系是新民主主义时期培育核心价值观的指导思想和理论基石。

2）"为人民服务"是新民主主义革命时期核心价值观的根本内容和精神动力。

3）推翻帝国主义、官僚资本主义和封建主义"三座大山"，最终建立社会主义是新

民主主义革命的目标和核心价值观的实践主题。

4）集中体现为"建立一个独立、自由、民主、统一和富强的新中国"的新民主主义纲领。

5）广泛深入开展社会主义、共产主义思想道德教育。

张思德：为人民服务的光辉典范

1944年9月8日，毛泽东在一位普通战士的追悼会上，第一次以"为人民服务"为题发表了影响深远的演讲。

这位战士叫张思德，牺牲在平凡的岗位上。这篇演讲，既是一篇悼念革命战士的沉痛祭文，更是一篇为人民服务的光辉宣言。

想一想
1. 请讲述张思德的故事。
2. 张思德和他所代表的精神为什么依旧弥足珍贵？

2. 社会主义革命与建设时期核心价值观的培育和践行

社会主义基本政治制度、基本经济制度的确立和以马克思主义为指导思想的社会主义意识形态的确立，为社会主义核心价值体系建设奠定了政治前提、物质基础和文化条件。

（1）马克思主义、毛泽东思想得到广泛和深入传播　新民主主义革命的胜利，证明了马克思主义、毛泽东思想是指引中华民族走向国家独立和民族解放的科学理论武器。

（2）提出了实现"四个现代化"的宏伟设想　新中国成立后，建设一个什么样的社会主义国家，成为我们党考虑一切问题的出发点和落脚点。

（3）广泛开展了以爱国主义、社会主义、集体主义和为人民服务为主要内容的社会主义思想道德建设　先后涌现出了雷锋、王进喜、焦裕禄等一批社会主义道德的先进典型。

> 人的生命是有限的，可是，为人民服务是无限的，我要把有限的生命，投入到无限的为人民服务之中去。
> ——雷锋

资料链接

焦裕禄事迹与精神

焦裕禄，生于1922年8月，山东淄博人，河南省兰考县原县委书记，1946年加入中国共产党，1950年被任命为尉氏县大营区委副书记兼区长，1962年任兰考县委书记，1964年因病逝世。

1962年冬，焦裕禄受党的委派来到了兰考，当时，正是我国国民经济处于暂时困难的时期，兰考的风沙、内涝、盐碱等自然灾害很严重，农业产量很低，群众生活很苦。焦裕禄同志以高度的革命精神，对干部和群众进行思想教育、阶级教育和革命传统教育，激起县委领导班子和人民群众抗灾自救的斗志，掀起了挖河排涝、封闭沙丘、根治盐碱的除"三害"斗争高潮。

通过一年的艰苦奋战，兰考的除"三害"工作取得了明显的成效。在除"三害"斗争和各项工作中，焦裕禄以身作则、带病实干、严于律己、关心群众。后来，他积劳成疾，于1964年5月14日，因患肝癌不幸去世，年仅42岁。

焦裕禄精神集中体现在亲民爱民、艰苦奋斗、科学求实、迎难而上、无私奉献五个方面，即牢记宗旨、心系群众的公仆精神，勤俭节约、艰苦创业的奋斗精神，实事求是、调查研究的求实精神，不怕困难、不惧风险的大无畏精神，廉洁奉公、勤政为民的奉献精神。这五种精神体现了保持和发展党的先进性对每个党员干部的具体要求。其中，亲民爱民是焦裕禄精神的本质。艰苦奋斗是焦裕禄精神的精髓，科学求实是焦裕禄精神的灵魂，迎难而上是焦裕禄精神的重要内容，清正廉洁、无私奉献是焦裕禄精神的鲜明特点。

1. 讲述一下雷锋的故事。
2. 在学习、工作、生活中，怎样弘扬和继承焦裕禄精神？

（4）培育了伟大的民族精神和时代精神　培育了独立自主、自力更生、无私奉献、全心全意为人民服务、不怕困难、勇于攀登的精神品质，培育了抗美援朝精神、雷锋精神、"两弹一星"精神、大庆铁人精神、红旗渠精神等民族精神和时代精神的典范。

3. 改革开放新时期社会主义核心价值观的培育和践行

改革开放以来，我国对社会主义意识形态建设不断进行了新的探索，提出了从建设社会主义核心价值体系到以"三个倡导"积极培育和践行社会主义核心价值观的重要论断与战略任务。

（1）始终坚持发挥马克思主义指导思想的主导作用　坚持把马克思主义与改革开放和我国社会主义现代化建设伟大实践相结合，不断推进了马克思主义中国化，科学地继承了毛泽东思想，创立了邓小平理论、"三个代表"重要思想、科学发展观等马克思主义中国化最新成果；马克思主义在我国意识形态领域的指导地位不断巩固和发展。

（2）始终坚持用中国特色社会主义共同理想凝聚力量　中国特色社会主义共同理想，是实现中华民族伟大复兴的必由之路，是全国各族人民团结奋斗的强大动力。

（3）坚持以爱国主义为核心的民族精神和以改革创新为核心的时代精神鼓舞斗志　党的十六届六中全会明确地把以改革创新为核心的时代精神与以爱国主义为核心的民族精神一道，确立为社会主义核心价值体系的基本内容。

（4）高度重视社会主义道德建设和社会主义荣辱观在社会风尚中的引领作用　社会主义荣辱观以"八荣八耻"为主要内容。

资料链接

社会主义荣辱观

以热爱祖国为荣，以危害祖国为耻；以服务人民为荣，以背离人民为耻；
以崇尚科学为荣，以愚昧无知为耻；以辛勤劳动为荣，以好逸恶劳为耻；
以团结互助为荣，以损人利己为耻；以诚实守信为荣，以见利忘义为耻；
以遵纪守法为荣，以违法乱纪为耻；以艰苦奋斗为荣，以骄奢淫逸为耻。

（5）提出从建设社会主义核心价值体系到以"三个倡导"积极培育和践行社会主义核心价值观的战略任务　党的十八大提出了用"三个倡导"积极培育和践行社会主义核心价值观，这既是党的十八大对社会主义核心价值体系建设的一个重大贡献，又是一个重大突破，也是一个重大部署。

（6）党的十九大报告中指出坚持社会主义核心价值体系　习近平总书记指出，文化自信是一个国家、一个民族发展中更基本、更深沉、更持久的力量，必须坚持马克思主义，牢固树立共产主义远大理想和中国特色社会主义共同理想，培育和践行社会主义核心价值观，不断增强意识形态领域主导权和话语权，推动中华优秀传统文化创造性转化、创新性发展，继承革命文化，发展社会主义先进文化，不忘本来、吸收外来、面向未来，更好构筑中国精神、中国价值、中国力量，为人民提供精神指引。

二、社会主义核心价值观在中华民族伟大复兴中的核心作用

实现中华民族伟大复兴的中国梦，必须弘扬中国精神，必须凝聚中国力量。社会主义核心价值观鲜明体现了一个社会主导性的价值准则，以及所追求的价值理想，是中国精神的塑造者，是中国力量的引领者，是中国道路的精神力量，既体现在政治、经济、军事、科技等强大硬实力上，又体现在文化、思想、价值观等深厚软实力上。

历史和现实表明，以价值观为代表的软实力是一个国家能够屹立世界、影响世界的重要因素，是文化、思想在价值理念上强大渗透力、影响力、辐射力的具体显现。因此，社

会主义核心价值观是中华民族伟大复兴中不可或缺的价值内核和精神保障。两者有着密不可分的内在联系，有机统一于中国特色社会主义思想的生动实践。

资料链接

中华民族的伟大复兴

只有经历过辉煌的民族，才真正懂得复兴的意义；只有经历过苦难的民族，才真正对复兴强烈渴望。千百年来，中华民族创造了辉煌灿烂的古代文明，中华文明成为人类历史上唯一延续至今的文明形态。

随着西方列强的入侵，近代中国陷入了"数千年未有之大变局"，中华民族进入灾难深重的边缘。洋务运动、维新变法、辛亥革命都没能改变近代中国的命运。

1919年爆发的五四运动，是中国由近代向现代的转折点。1921年中国共产党成立后，开始了实现民族独立和人民解放的伟大进程，进行了28年艰苦卓绝的革命和斗争。新中国成立后，我们在国家发展道路上进行了不懈探索。实行改革开放，我们对于建设什么样的国家更加明确。党的十八大提出的倡导富强、民主、文明、和谐分别从经济、政治、文化、社会和生态建设角度，明确了国家的价值目标。党的十九大提出，综合分析国际国内形势和我国发展条件，从2020年到21世纪中叶可以分两个阶段来安排。第一个阶段，从2020年到2035年，在全面建成小康社会的基础上，再奋斗15年，基本实现社会主义现代化。第二个阶段，从2035年到21世纪中叶，在基本实现现代化的基础上，再奋斗15年，把我国建成富强、民主、文明、和谐、美丽的社会主义现代化强国。

 作为技术工人，应当为中华民族伟大复兴做些什么？

第三节　培养和践行社会主义核心价值观

一、培养和践行社会主义核心价值观的基本原则

1）坚持以人为本，尊重群众主体地位，关注人们利益诉求和价值愿望，促进人的全面发展。

2）坚持以理想信念为核心，抓住世界观、人生观、价值观这个总开关，在全社会牢固树立中国特色社会主义共同理想，着力铸牢人们的精神支柱。

3）坚持联系实际，区分层次和对象，加强分类指导，找准与人们思想的共鸣点、与群众利益的交汇点，做到贴近性、对象化、接地气。

4）坚持改进创新，善于运用群众喜闻乐见的方式，搭建群众便于参与的平台，开辟

群众乐于参与的渠道，积极推进理念创新、手段创新和基层工作创新，增强工作的吸引力、感染力。

二、培养和践行社会主义核心价值观的途径

1. 形成社会主义核心价值观的强大合力

坚持育人为本、德育为先，围绕立德树人的根本任务；适应职教学生身心特点和成长规律，创新思想政治理论课教育教学，推动社会主义核心价值观进教材、进课堂、进学生头脑；完善学校、家庭、社会三结合的教育网络，引导广大家庭和社会各方面主动配合学校教育，以良好的家庭氛围和社会风气巩固学校教育成果，形成家庭、社会与学校携手育人的强大合力。

资料链接

2019年全国最美职工陈亮：一微米上的技能筑梦

一微米是多少？一根头发丝直径的1/60！做到一微米的精度有多难？精密模具的要求一般是2~5微米，1微米精度的模具在市场上比较罕见，而模具品质的优劣往往就在这微米之间。

把模具精度控制在1微米，正是江苏无锡微研股份有限公司高级技师陈亮的拿手绝活。参加工作17年，陈亮从学徒工蜕变为省级技能大师，参与过国家"863"计划重点项目，攻克了一批技术难题，其研发的新生产技艺填补了国内空白。"技能成就梦想，奋斗改变人生！"2019年"五一"前夕，陈亮获评全国"最美职工"，荣获全国五一劳动奖章。

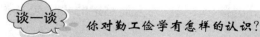

谈一谈　你怎样理解"技能成就梦想，奋斗改变人生"？

2. 建设教育实践载体

注重发挥社会实践的养成作用，完善实践教育教学体系，开发实践课程和活动课程，加强实践育人基地建设，打造校外实践教育基地，组织学生参加力所能及的生产劳动和爱心公益活动、益德益智的科研发明和创新创造活动、形式多样的志愿服务和勤工俭学活动。注重发挥校园文化的熏陶作用，加强学校报刊、广播电视、网络建设，完善校园文化活动设施，重视校园人文环境培育和周边环境整治，建设体现社会主义特点、时代特征、学校特色的校园文化。

谈一谈　你对勤工俭学有怎样的认识？

三、社会主义核心价值观的实践活动

1. 广泛开展道德实践活动

以诚信建设为重点,加强社会公德、职业道德、家庭美德、个人品德教育,形成修身律己、崇德向善、礼让宽容的道德风尚,组织道德论坛、道德讲堂、道德修身等活动。

开展道德实践活动

2. 大力宣传先进典型,评选表彰道德模范,形成学习先进、争当先进的浓厚风气

选树各类榜样、典型,用榜样的力量激励广大青年学习先进、崇尚先进、争当先进,争做新时代有为青年。

资料链接

全国道德模范评选表彰

2007年以来,中央宣传部、中央文明办、全国总工会、共青团中央、全国妇联、中央军委政治工作部举办了六届全国道德模范评选表彰活动,积极弘扬社会主义核心价值观,大力倡导学习道德模范、崇尚道德模范、争当道德模范,有力促进了人民思想觉悟、道德水准、文明素养和全社会文明程度的提高。

2019年,第七届全国道德模范评选表彰是以习近平新时代中国特色社会主义思想为指导,全面贯彻党的十九大和十九届二中、三中全会精神,贯彻落实全国宣传思想工作会议精神,紧紧围绕庆祝新中国成立70周年这条主线,坚持培育和践行社会主义核心价值观,精心组织、严格把关,推出一批做出贡献大、群众口碑好、事迹突出感人、体现崇高精神、典型示范性强的道德模范,广泛开展道德模范宣传学习活动,大力弘扬共筑美好生活梦想的时代新风,把道德模范的榜样力量转化为亿万群众的生动实践,在全社会形成崇德向善、见贤思齐、德行天下的浓厚氛围,以新时代社会主义思想道德建设的新进展、新成就迎接新中国成立70周年。

道德模范评选表彰在社会上产生了哪些积极影响？

3. 深化学雷锋志愿服务活动

大力弘扬雷锋精神，广泛开展形式多样的学雷锋实践活动，采取措施推动学雷锋活动常态化。组织开展各类形式的志愿服务活动，形成"我为人人、人人为我"的社会风气。

 你参加过哪些志愿服务活动？

4. 开展礼节礼仪教育

在学校开学、学生毕业时举行庄重简朴的典礼，使礼节礼仪成为培育社会主流价值的重要方式。加强对文明旅游的宣传教育，增强旅游的文明意识。

开展礼节礼仪教育活动

资料链接

中国公民国内旅游文明行为公约

营造文明、和谐的旅游环境，关系到每位游客的切身利益。中央文明办联合原国家旅游局于2006年10月2日公布了《中国公民国内旅游文明行为公约》。做文明游客是我们大家的义务，请遵守以下公约：

第一，维护环境卫生。不随地吐痰和口香糖，不乱扔废弃物，不在禁烟场所吸烟。

第二，遵守公共秩序。不喧哗吵闹，排队遵守秩序，不并行挡道，不在公众场所高声交谈。

第三，保护生态环境。不踩踏绿地，不摘折花木和果实，不追捉、投打、乱喂动物。

第四,保护文物古迹。不在文物古迹上涂刻,不攀爬触摸文物,拍照摄像遵守规定。

第五,爱惜公共设施。不污损客房用品,不损坏公用设施,不贪占小便宜,节约用水用电,用餐不浪费。

第六,尊重别人权利。不强行和外宾合影,不对着别人打喷嚏,不长期占用公共设施,尊重服务人员的劳动,尊重各民族宗教习俗。

文明旅游宣传

第七,讲究以礼待人。衣着整洁得体,不在公共场所袒胸赤膊;礼让老幼病残,礼让女士;不讲粗话。

第八,提倡健康娱乐。抵制封建迷信活动,拒绝黄、赌、毒。

5. 开展革命传统教育,弘扬民族精神和时代精神

习近平总书记在2013年到山东临沂视察工作时讲话指出,沂蒙精神与延安精神、井冈山精神、西柏坡精神一样,是党和国家的宝贵精神财富,要不断结合新的时代条件发扬光大。

弘扬民族精神活动

要挖掘各种重要节庆日、纪念日蕴藏的丰富教育资源,利用"五四""七一""十一"等节日,举办庄严庄重、内涵丰富的群众性庆祝和纪念活动。

案例链接

沂蒙红嫂

在抗日战争和解放战争时期,沂蒙女性在中国共产党的领导下冲破束缚,敢于担当,用青春和热血谱写了一曲曲英勇悲壮的动人乐章。

她们送子参军、送夫支前;她们缝军衣,做军鞋,推米磨面烙煎饼;她们抬担架、推小车,舍生忘死救伤员;她们用家里仅剩的一把小米、一只母鸡熬汤给伤员养伤,甚至用自己的乳汁疗救伤员;她们在敌人的刺刀面前宁死也不暴露我军伤员的藏身之处;她们毅然跳进冰冷的河水里搭起"人桥"让部队通过;她们冒着生命危险抚养革命后代。明德英、王焕宇、祖秀莲、张志桂、张秀菊、尹德美、王步荣和吕宝兰等,都是千万"红嫂"的杰出代表,是"沂蒙精神"的创造者和实践者。

个人成长练习

1. 学唱歌曲《我和我的祖国》《我爱你,中国》和《公民道德歌》。
2. 以"社会主义核心价值观的内容"为主题设计板报或者举办"践行社会主义核心价值观"主题演讲比赛。
3. 参加一次学雷锋志愿服务活动,并交流心得体会。
4. 社会主义核心价值观之我见
(1) 我深深地爱着我的祖国,我要做到_____
_____。
(2) 此刻起培育自己的敬业精神,我应先具备_____
_____。
(3) 诚信是为人之本,我能做到_____
_____。
(4) 以友善的准则处理与人、事和环境的关系,我会这么做:_____
_____。

第三章 走进职业

学习目标

☆ 了解职业、职业生涯规划和职业道德的含义。
☆ 学会制定职业生涯规划的方法。
☆ 明确创业的动机,为创业做准备。
☆ 掌握职业道德规范的内容,培养良好的职业道德。

引导案例

在《泾野子内篇》一文中,记录着一则"西邻五子食不愁"的故事。西邻有五子,但三子残疾,西邻则认为五子"各有千秋":长子质朴,次子聪明,三子目盲,四子背驼,五子脚跛。按照常理看,这家的当家人日子应该很难过,可是他很有办法,日子过得还不错。细一打听,原来他对自己的儿子各有安排:老大质朴,正好让他务农;老二聪慧,正好让他经商;老三目盲,正好让他按摩;老四背驼,正好让他搓绳;老五足跛,正好让他纺线。这一家人,各展其长,各得其所,"不患于食焉"。

在今天,"西邻五子"的各种劳动就是我们所说的"职业"。职业是人生存和发展的手段。了解职业,选择一个适合自己的职业岗位,在职业岗位中养成良好的职业道德行为,对职业院校的学生来说是非常重要的,这关系到未来过什么样的生活和会有怎样的人生。

职业是唯一能使个人的特异才能和他的社会服务取得平衡的事情。
——[美]杜威

第一节 职业和职业定向

一、职业和职业资格

1. 职业的含义

职业是指人们在社会生活中所从事的以获得物质报酬作为自己主要生活来源并能满足

自己精神需求的、在社会分工中具有专门技能的工作。

议一议 在家务劳动、开锁工、传销、乞丐、房屋中介、倒卖车船票中，哪些是职业活动？哪些不是？为什么？

2. 职业资格的含义

职业资格是对从事某一职业所必备的学识、技术和能力的基本要求，包括从业资格和执业资格。从业资格和执业资格见表3-1。

表3-1 从业资格和执业资格

项目	从业资格	执业资格
所指内容	从事某一专业（工种）学识、技术和能力的起点标准	依法独立开业或独立从事某一特定专业（工种）学识、技术和能力的必备标准
性质	政府规定的专业技术人员从事某种专业技术性工作时必须具备的资格	政府规定专业技术人员依法独立开业或独立从事某种专业技术性工作时必须具备的资格
获得方式	通过学历认定或考试获得	必须通过考试方法取得，考试由国家定期举行
凭证	从业资格证书	执业资格证书

政府对某些责任较大、社会通用性强、关系公共利益的专业技术工作实行准入控制。

资料链接

职业资格证书制度和就业准入制度

国家职业资格证书制度是指按照国家制定的职业技能标准或任职资格条件，通过政府认定的考核鉴定机构，对劳动者的技能水平或职业资格进行客观公正、科学规范的鉴定，对合格者授予相应等级的国家职业资格证书。

《中华人民共和国劳动法》第八章第六十九条规定："国家确定职业分类，对规定的职业制定职业技能标准，实行职业资格证书制度，由经备案的考核鉴定机构负责对劳动者实施职业技能考核鉴定"。

《中华人民共和国职业教育法》第一章第八条明确指出："实施职业教育应当根据实际需要，同国家制定的职业分类和职业等级标准相适应，实行学历文凭、培训证书和职业资格证书制度"。

中华人民共和国职业资格证书

这就确定了国家推行职业资格证书制度和开展职业技能鉴定的法律依据。

就业准入制度是指根据《中华人民共和国劳动法》和《中华人民共和国职业教育法》

的有关规定，要求从事技术复杂、通用性广，涉及国家财产、人民生命安全和消费者利益的职业（工种）的劳动者，必须经过培训，并取得职业资格证书后，方可就业上岗。

 通过查阅资料等方法，弄清自己所学专业高级职业资格任职要求。

二、职业的定向与选择

职业的定向与选择是人们对自己将来所从事的职业方向进行定位以及对职业岗位的挑选和确定，是人们真正进入社会生活领域的重要行为，也是人生的关键环节，将影响一个人的整个生活。

因此，职业定向的目的就是找准自己与社会的最佳结合点，正确定位自己的职业发展方向，从而实现人生设计的最优化、人生价值的最大化。

1. 影响职业定向与选择的因素

（1）个人因素　个人因素包括思想道德素质、职业价值观、兴趣爱好、能力素质及个性等，是与人的自我意识和个体特质相关联的因素，是影响人们职业定向与选择的主观因素，在职业定向与选择中起着基础性作用。个人气质类型特征与对应职业见表3-2。

表3-2　个人气质类型特征与对应职业

类型	特征	工作特点	适应职业
多血质	活泼好动，思维敏捷，反应快，善于交际，兴趣与情绪易转换	适合做社交性、文艺性、多样性、反应敏捷且均衡的工作；不太适应需要细心钻研的工作	演员、歌手、艺术工作者、记者、律师、公关人员、服务员、销售员等
胆汁质	直率热情，精力旺盛，脾气急躁，易冲动，反应迅速，心境变化剧烈	较适合做反应敏捷、动作有力、应急性强、危险性大、难度较高而费力的工作；不宜从事稳重细致的工作	运动员、警察、消防员、导游、节目主持人、外事接待人员、演讲者、探险者等
黏液质	安静稳重，反应迟缓，沉默寡言，情绪不易外露，善于忍耐、克制自己	较适合做有条不紊、刻板平静、耐受较高的工作；不宜从事激烈多变的工作	外科医生、法官、管理人员、出纳、会计、播音员、调解员等
抑郁质	情绪体验深刻、持久，好静、体验方式少，行动迟缓，但准确性高，感受性强，敏感、细致	较适合从事兢兢业业、持久细致的工作；不适合反应灵敏、需要果断处理的工作	技术员、打字员、检察员、登录员、化验员、刺绣工、机要秘书、保管员等

（2）社会因素　社会因素包括社会需求、社会评价、经济利益、学校教育、家庭影响等，是个人外部的社会环境因素的总和，是影响个人职业定向与选择的客观因素，在职业定向与选择过程中发挥着制约和平衡的牵制作用。

除以上这些社会因素的影响外，人们的职业定向与选择还受其他社会因素的影响，如传统观念、社会时尚、性别差异等。作为学生应正确对待这些影响，增强自己的理性认识，克服盲目从众、攀比、自卑、依赖等心理障碍，以冷静、客观、科学的心态正确进行职业定向与选择。

2. 职业定向与选择的原则

确定职业方向，选择一个自己满意的职业岗位，这是每个人的心愿。在进行职业定向与选择时需要遵循以下原则：

（1）符合社会要求原则　在市场经济形势下，个人对社会职业进行选择，社会职业也对个人进行选择，因此，人们在职业定向与选择时无法也不可能摆脱社会需要。对职业岗位既要看到它的现在，又要预见其未来的发展，寻找个人与社会的结合点，把个人兴趣、爱好、专长与社会需要统一起来，自觉地服从社会职业的总体需要，到社会需要的职业岗位上扎扎实实地努力工作，尽力适应社会需要。

（2）发挥个人优势原则　个人优势是指一个人自身素质的优势，主要包括知识能力、专业技术、生理、心理、品质等。在职业定向与选择时，要综合分析自身素质优势及其他有利因素，侧重能充分发挥个人优势的职业方向和职业岗位，尽可能做到个人与职业相匹配，保证在今后的工作中做到扬长避短，出色地做好工作，取得较大的成就。

案例链接

鲁迅弃医从文

鲁迅在日本学医期间，一段教学影片后加映的时事短片改变了他的一生。当时正是日俄战争期间，日本兵要把一名他们声称是奸细的中国人砍头示众。"好啊！"当刽子手举起屠刀时，教室里爆发出一阵热烈的欢呼和掌声。更令鲁迅痛苦和震惊的是，那些把屠杀同胞当热闹看的围观的中国人的精神状态麻木到了何等可怕的地步！鲁迅意识到：学医只能医治人的身体，却不能解救人的精神，要唤醒民众，最好的方法就是用文艺作品来感染他们，教育他们。于是，鲁迅中途退学，弃医从文，终于成为中国文化革命的主将，伟大的文学家和思想家。

一个人要发挥其专长，就必须适合社会环境需求。如果脱离社会环境的需要，其专长也就失去了价值。因此，我们只有根据社会的需要，发挥自己的专长，才能更好进行职业定向和选择。

三、职业的发展

1. 职业发展的过程

职业发展是人的职业心理与职业行为逐步变化、走向成熟的过程，是伴随个人一生的、连续的长期发展过程，是个人发展的最主要的方面。它同人的身心发展一样，可以分成几个既相区别又相联系的阶段。美国著名职业指导专家萨柏把人的职业发展过程分为5个阶段，见表3-3。

表3-3 职业发展的不同阶段

发展阶段	年龄跨度	职业阶段特点	职业发展任务
成长阶段	从出生至14岁	对职业从好奇、幻想到有兴趣、有意识地培养职业能力的逐步成长过程	培养职业想象力，逐渐建立起自我的概念；形成对自己的兴趣和能力的某些基本看法；对各种可选择的职业进行带有某种现实性的思考
探索阶段	15~24岁	认真探索各种可能的职业选择	选定比较恰当的职业，做好开始工作的准备；对自己的能力和天资形成一种现实性的评价；根据来自各种职业选择的可靠信息做出相应的教育决策
确立阶段	24~44岁	工作生命周期中的核心部分，能够找到合适的职业	全力以赴地投入到选定的稳定职业中，取得成就；对自己最初的职业选择进行再评估、再选择
维持阶段	45~65岁	职业发展的后期阶段，一般都已经在自己的工作领域为自己创立了一席之地	维持已取得的职业成就和社会地位
下降阶段	65岁以上	职业生涯中的衰退阶段，职业权力和责任减少	学会接受新角色；学会成为年轻人的良师益友；面对退休，正式结束职业过程

2. 职业发展的成功要素

（1）坚定理想信念 职业信念是指人们坚信自己所干的事、所追求的目的是正确的，因而在任何情况下都毫不动摇地为之奋斗、执着追求的意向动机。在自己的职业发展中拥有一个坚定的职业信念，是我们身心成熟的一个标志，也是我们职业成功的精神力量源泉。

滴水穿石，不是因其力量，而是因其坚韧不拔，锲而不舍。
——[英]拉蒂默

▎案例链接▎

广州市技师学院学生黄枫杰，是第44届世界技能大赛原型制作项目金牌得主。他先后被评为全国技术能手、2017年度广州市十大榜样人物、广州市杰出青年、广州市城市精神人物、广东省五四青年奖章获得者,并被推荐为团十八大代表、共青团广东省第十四届委员会委员(候补委员)候选人。在世赛先进事迹巡回报告团中分享自己的成功经历时,他首先谈到的就是要树立目标,坚定信念。

他谈到,原型制作项目是我国首次参加世界技能大赛的一个项目,由于其覆盖的工种多,使用的设备种类繁杂,所需掌握的技术难度大,并且国内没有技术和世赛经验可借鉴,所以在集训期间非常辛苦,一边学习新的技术,一边还要摸索手工制作的手法和工具的用法。当时,没有专门的集训基地,他们参加集中培训的同学要两个校区跑,在此过程中,很多和他同期进入集训的同学都没有坚持下来,参与人数从开始的十几个人减少到只有四个人。

在集训过程中他的手被冻伤了,皮肤多处开裂,但他依然忍着痛坚持训练。当时,他没有过多的考虑和担忧,想着既然选择了这条路,确定了这个目标,不管怎么样都要坚持下去。有句话说得很对:"失败并不可怕,可怕的是你失去了面对失败的勇气。人不怕痛苦,就怕丢掉坚强;人不怕磨难,就怕放弃希望。"他也很希望自己的青春能放出光彩,希望自己的人生有一个好的开端!就这样,经过长时间的刻苦训练,在全国选拔赛中,他拿了第一名,在国家集训队几轮淘汰赛中也是一路第一。

在职业发展过程中,只要能坚定你的职业理想和信念,就为到达职业成功的彼岸指明了方向。

(2)制定职业发展规划 "机会只偏爱有准备的人",成功的职业发展源于科学合理的规划和准备。对职业院校的学生来说,在校期间如果能积极主动地对自己的职业发展进行科学合理的规划,做好充分的准备,就能指引自己按确定的职业方向、目标和发展道路,一步步地走向职业成功。

(3)加强职业道德修养 职业道德素质是从业人员的基本素质,是人的全面素质的重要组成部分。在校学生要加强职业道德修养,培养良好的职业道德素质,不断提高自身的综合素质,以适应将来职业岗位的要求,促进自己的职业发展,实现人生价值。

(4)参加社会实践活动 参加社会实践活动对在校学生来说,就是参加校内外的各种专业见习、专业社会调查、专业实训、专业实习、社团组织、志愿服务、勤工俭学等实践活动。作为职业院校的学生,在校期间应根据自身的实际情况,有选择地积极参加校内外各种实践活动,为将来的职业发展打好基础。

举出本校同学社会实践的几种形式,进行分析并填写下表。

工作内容	工时制度	报酬(福利)	就业方式

第二节 职业生涯规划

案例链接

美国著名企业家比尔·拉福在接受《中国青年报》记者采访时,十分感慨他的职业生涯规划使他功成名就。中学时代,拉福就立志经商。他的父亲是洛克菲勒集团的一名高级职员,发现儿子有商业天赋,于是,父子间进行了几次长谈,并共同描绘出拉福职业生涯的蓝图:工科学习(掌握基础的专业技术)→经济学学习(了解经济运行规律)→政府部门工作(锻炼处世能力并培养人际关系)→大公司工作(熟悉商务环境并将知识转变为经商技能)→开公司(实现职业目标,取得事业成功)。

按照这个规划,拉福中学毕业后,选择了工科中最普通而基础的专业——机械制造专业。大学毕业后,他没有马上投身商海,而是攻读经济学硕士学位。获得硕士学位后,他还是没有从事商业活动,而是考取了公务员。5年后,他辞职进入了著名的通用公司。又过了两年,他再次辞职,开办了自己的商贸公司——拉福商贸公司。20年后,比尔·拉福商贸公司的资产从最初的20万美元发展到2亿美元,成为一家高速发展中的跨国公司。

比尔·拉福为什么能获得事业的成功?

一、职业生涯与职业生涯规划

1. 职业生涯的含义

职业生涯即事业生涯,是指一个人一生连续担负的工作职业和工作职务的发展道路。具体地讲,职业生涯就是一个人终生的工作经历,也是人一生中职业、职位的变迁及工作理想的实现过程。

2. 职业生涯规划的含义

职业生涯规划是指个人与组织相结合,在对一个人职业生涯的主客观条件进行测定、分析、总结的基础上,对自己的兴趣、爱好、能力、特点进行综合分析与权衡,结合时代特点并根据自己的职业倾向,确定最佳的职业奋斗目标,选择职业道路,制订教育培训和发展计划,并为实现职业目标确定行动的方向、时间和方案。

二、职业生涯规划的制定

1. 确定职业志向

志向是事业成功的基本前提,没有志向,事业的成功也就无从谈起。在制定职业生涯规划时，首先要确立志向，即确定自己职业生涯的方向，选定自己将来要从事的职业。这是制定职业生涯规划的关键，也是职业生涯规划中最重要的一点。

案例链接

在第44届世界技能大赛闭幕式上，当主持人宣布车身修理项目金牌获得者"China, Shan Wei Yang"时，杨山巍再也控制不住自己的情感，激动的泪水夺眶而出。

杨山巍从小喜欢制作汽车模型，初中毕业后，进入杨浦职校车身修复专业继续学习，也由此与世界技能大赛结缘。2015年，18岁的他成为第43届世界技能大赛车身修理项目集训队的一员，艰苦的训练从那时就已经开始。可是，在最后二进一淘汰赛中，以0.5分之差与第43届世界技能大赛失之交臂。这时候，他意识到，职业技能的沉淀不是一朝一夕的比赛能促成的，而是要经过漫长且扎实的积累，需要铁杵磨成针的坚韧。

当机会再次来临时，他毫不犹豫地回到杨浦职校实训室，加入第44届世界技能大赛车身修理项目中国集训队。最终，凭借精细化的操作，以领先第二名3分的优势，摘取了该项目的桂冠。

2. 自我评估

自我评估就是指对自身的内在条件作出全面正确的认识和评价，包括自身的性格、气质、兴趣、爱好、特长、学识水平、技能、潜能、智商、情商、思维方式、思维方法、世界观、价值观、道德水准，以及社会中的自我、职业需要和动机等。只有充分认识自己、了解自己，才能对职业目标做出科学的安排。

3. 机会评估

职业生涯机会的评估，主要是评估各种外部因素对自己职业生涯发展的影响，主要包括社会环境分析、职业环境分析、地域分析和他人角色分析。

4. 确立职业目标

确立职业目标是制定职业生涯规划的核心。只有确立了正确、适当的目标，制定的规划才能真正促进自己职业生涯的发展，最终取得事业上的成功。

要确立职业目标，首先就要明确职业目标的分类，包括人生目标、长期目标、中期目标与短期目标。职业生涯规划的分类见表3-4。

表3-4 职业生涯规划的分类

类型	内容
短期规划	2年以内的规划，主要是确定近期目标，制订近期应完成的任务计划

(续)

类型	内容
中期规划	2~5 年内的规划，主要是确定 2~5 年内的职业目标与任务，并制定为实现这一目标所采取的具体措施，是职业生涯规划中最常用的一种
长期规划	5~10 年的规划，主要是设定比较长远的目标
人生规划	对整个职业生涯的规划，时间跨度可达 40 年左右，这一规划是设定整个人生的发展目标和阶梯

案例链接

两个和尚

《为学》中说：在蜀地有两个和尚，一个穷一个富。一天，穷和尚找到富和尚请教："我想到南海去，你的意见如何？"富和尚鄙视地说："你凭着什么去那样遥远的地方呢？"穷和尚说："我有一个瓶子和一只碗，瓶子用来盛水，碗用来装饭。"穷和尚回答，底气十足。富和尚一笑，说："多年来我一直有个志向，租一条船去南海，但一直未能如愿，如今你只靠一个瓶子和一只碗，岂能成行！"说罢，连连摇头。

一年后，穷和尚从南海回来了，富和尚还在为他的船发愁呢。穷和尚用他的实际行动告诉富和尚他把这件事做成了。

看来有目标不实施就等于零。

因此，制定职业生涯规划时，在确立志向和目标后，必须要制定周详的行动方案，更要制定落实行动方案的具体计划和措施。

5. 目标修正

当今社会处于激烈的变化过程中，处在社会中的每个人也是不断发展变化的，所以当目标确立以后，要根据实施结果的反馈情况以及社会、自身变化的情况及时对目标进行检查、评价、修正，看过去制定的目标是否还合理、可行，是否还符合自己的要求，及时对制定的职业生涯规划进行调整与完善，使职业生涯规划更加行之有效。

由此可见，整个规划流程中正确的自我评价是最为基础、最为核心的环节，这一环节做得好坏，决定了整个职业生涯规划的成功与否。

三、自主创业

1. 创业的内涵

创业是创业者个人或者团队主动地寻求发展机遇，通过创新和特立独行来满足自身愿望，为他人和社会提供满足市场需求的产品或服务，创造价值和财富，获取收入的一种活动过程。具体来讲，从事创业的主体将是一个新颖的、创新的、灵活的、有活力的、有创造性的、能承担风险的个人或是群体。创业是就业的一种重要形式。

2. 创业动机

卡耐基说过，自己独立创业经商，有种种长处为被人雇用的职员所不及。

通常，人们之所以选择创业，是基于某项或多项好处，如满足感、独立和灵活性、收入和利润、工作安全感和成就感。

资料链接

李开复谈创业动机

4 个正确的创业动机：

1) 拥有强烈的内在热忱打造一个有价值的企业。
2) 渴望财富但是理解需要时间和耐心。
3) 渴望和一个志同道合的团队一起改变世界，但是理解并且不畏惧巨大风险。
4) 想让一个点子成真，或想在一个特别好的领域或机会做点什么，但是深深理解执行和深度理解行业更为重要。

8 个错误的创业动机：

1) 失业或就业困难。
2) 讨厌老板或公司。
3) 讨厌被人使唤，想做老板过瘾。
4) 看到比自己差的人都创业致富了。
5) 希望可以自己支配时间。
6) 想快速致富。
7) 偶像崇拜。
8) 认为自己有个超好的点子，靠这个就够了。

创建自己的事业也有很多弊端。如果选择创业，就应当对创业可能给你带来的不利影响做好心理准备。如果创业成功，可能不得不在以下方面付出一定的代价：收入的波动性、精神压力较大、责任繁重、失败的风险等。

案例链接

马云创业也失败过

【失败经历】：1994 年，马云创立第一个机构：海博翻译社。第一个月收入 700 元，房租 2000 元。马云独自背起麻袋去义乌，摆小摊养活翻译社。

1995 年，马云意外接触到互联网，认定了互联网是未来的方向。于是马云和妻子、朋友筹集 2 万元人民币创立了海博网络，并且启动了中国黄页项目。但是和杭州电信合作后，双方产生了分歧，让马云决定放弃网站。

1997 年底，马云受邀担任中国外经贸部中国电子商务中心总经理，开始接触到外经贸业务，此时马云做 B2B 网站的想法开始逐步成熟。1999 年，35 岁的马云决心南归杭州创业，开始自己的又一个创业公司——阿里巴巴。

【失败感悟】：马云表示，做企业着实不易，企业成功的经验各有各的不同，但失败的教训是相似的。"我最大的心得就是思考别人怎么失败的，哪些错误是人们一定要犯的。"他说，"95% 的企业都倒下了"，避免犯倒下人的错误，"把错误变成营养"，就能成为那幸存的 5%。

 你还了解哪些创业失败的案例？

3. 创业准备

（1）市场调查　创业者必须在创业前或创业过程中对企业所处的环境进行仔细分析，准确地预测市场行情，收集一些必要的市场信息，对市场做详细的调查。

（2）选择创业项目　如何正确地选择创业项目，是每个创业者都要思考的问题。合适的创业项目，是创业成功最重要的基础。所以，创业者要对创业项目的选择抱以极其谨慎的态度，按照自身技能、经验、技术、资金等实际情况，加以甄选，并做可行性分析。

尽管我们用判断力思考问题，但最终解决问题的还是意志，而不是才智。
——[美] 沃勒

案例链接

广州市某技师学院汽车维修专业学生时某所在的"绿行者"创业团队，获得第一届中华职业教育创新创业大赛全国总决赛一等奖。创业团队的自主知识产权创新产品"智能电动汽车充电站"申请了发明专利与实用新型专利。在学院创业孵化基地的协助下，创业团队还注册成立了属于自己的公司——"广州市绿行者科技有限责任公司"，走上创业之路。公司还接收实习生和毕业生，不仅推动了公司业务的发展，也为学院学生提供了实习、就业岗位，真正实现了创业带动就业。

 "绿行者"创业团队是如何选择创业项目的？

（3）创业规划　任何企业，无论规模大小，它所掌握的资源总是有限的，为了能以较少的资源获得尽可能大的经济利益，提高企业市场适应力，必须做好成本、利润、盈亏平衡点的计划以及资金流的规划，并且对企业发展过程中存在的风险进行预判，做好应对举措。

（4）创业团队　正所谓"一个篱笆三个桩，一个好汉三个帮"。在创业初期，拥有一个好的创业团队，对于新创企业迅速站稳脚跟和发展壮大有着至关重要的作用。创业团队的凝聚力、合作精神和敬业精神都会帮助新创企业降低管理风险，提高经济效益，加快企业成功。

> 一个人可以走得很快，但一群人才能走得更远。
> ——俞敏洪

资料链接

关于推进技工院校学生创业创新工作的通知

人力资源和社会保障部办公厅于2018年12月印发了《关于推进技工院校学生创业创新工作的通知》（以下简称《通知》），在全国技工院校大力推进学生创业创新工作。

《通知》指出，推进技工院校学生创业创新工作，一方面要充分发挥政府部门、行业企业和职业培训机构的职能作用，进一步改善技工院校的创业环境；另一方面要充分发挥技工院校的重要作用，着力提高技工院校学生的职业技能水平，促进学生运用所学的职业技能实现创业创新。《通知》明确，到2025年，要实现技工院校创业师资轮训一遍，在校学生接受创业教育或创业培训基本做到全覆盖，投身创业创新的学生有明显增加，技工院校毕业生创业成功率有明显提升。

《通知》还明确了技工院校创业创新教育工作的主要任务，包括普及创业创新教育，加强创业培训，优化创业服务，加大政策扶持，开展创业创新竞赛等。《通知》强调，各技工院校要落实推动学生创业创新工作的主体责任，切实抓好贯彻和落实。

第三节　职业道德修养

一、职业道德概述

1. 道德的含义

道德是调节人与人、人与社会之间关系的行为规范和准则的总和，是依靠教育、社会舆论、传统习俗和人们的内心信念来维持的。它告诫人们应该怎样做和不应该怎样做，应该做什么和不应该做什么。通俗地讲，道德就是做人的道理和规矩。

道德包含着道德意识、道德规范和道德活动等广泛的内容，既是一种善恶评价，又是一种行为标准。对一个人道德的评价，主要来自于他所表现出的言行，如助人为乐、孝敬父母、见义勇为、奉献社会等。

> 道德常常能填补智慧的缺陷，而智慧却永远填补不了道德的缺陷。
> ——[意]但丁

2. 职业道德的含义

职业道德，是从业人员在一定的职业活动中应遵循的、具有自身职业特征的道德要求和行为规范，是人们通过学习与实践养成的优良职业品质，涉及从业人员与服务对象、职业与职工、职业与职业之间的关系。它既是从业人员在职业活动中的行为要求，又是本行业对社会所承担的道德责任和义务。

二、我国职业道德的基本规范

社会主义职业道德规范对各行各业提出了共同的要求，适用于各种职业。中共中央颁发的《公民道德建设实施纲要》明确提出："要大力倡导以爱岗敬业、诚实守信、办事公道、服务群众、奉献社会为主要内容的职业道德，鼓励人们在工作中做一个好建设者。"所以，爱岗敬业、诚实守信、办事公道、服务群众、奉献社会，是社会主义职业道德的基本规范。

"爱岗敬业"是前提，因为良好的职业道德行为，是建立在对本职工作的热爱和强烈的责任感的基础上的。良好的职业道德行为的基本要求是"诚实守信、办事公道，"这一切的最终目的则是"服务群众、奉献社会。"

1. 爱岗敬业

所谓爱岗，就是热爱自己的工作岗位，热爱本职工作。爱岗是对人们工作态度的一种普遍要求。一个人，一旦爱上了自己的职业，就能全身心地投入到工作中，就能在平凡的岗位上做出不平凡的事业。

> **案例链接**
>
> 徐立平是中国航天科技集团公司第四研究院7416厂的高级技师，自1987年入厂以来，一直为固体燃料发动机的火药进行微整形。在火药上动刀，稍有不慎蹭出火花，就可能引起燃烧和爆炸。目前，火药微整形在全世界都是一个难题，无法完全用机器代替。下刀的力道，完全要靠工人自己判断。0.5mm是固体发动机药面精度允许的最大误差，而经徐立平之手雕刻出的火药药面误差不超过0.2mm，堪称完美。为了杜绝安全隐患，徐立平还自己设计发明了20多种药面整形刀具，有两种获得国家专利，一种还被单位命名为"立平刀"。由于长年一个姿势雕刻火药，以及火药中毒后遗症，徐立平的身体变得向一边倾斜，头发也掉了大半。28年来，他冒着巨大的危险雕刻火药，被人们誉为"大国工匠"。

所谓敬业，就是用一种恭敬严肃的态度对待自己的工作，认真负责、兢兢业业。敬业侧重于实际行动。

敬业包含两层含义：一是谋生敬业，抱着强烈的挣钱养家发财致富的目的对待自己的工作，这种敬业，道德因素较少，个人利益因素较多；二是真正意识到自己工作意义的敬业，这是高层次的敬业，这种内在的精神，才是鼓舞人们认真负责、兢兢业业的强大动力。

资料链接

工匠精神

在2016年的政府工作报告中，李克强总理说："要鼓励企业开展个性化定制、柔性化生产，培育精益求精的工匠精神。"多年来充斥媒体的"中国智造""中国创造""中国精造""工匠精神"，如今成为决策层的共识，并写进政府工作报告，显得尤为难得和宝贵。

工匠精神，是指工匠对自己的产品精雕细琢，是精益求精、更完美的精神理念。工匠们喜欢不断雕琢自己的产品，不断改善自己的工艺，享受着产品在双手中升华的过程。工匠精神的目标是打造本行业最优质的产品，其他同行无法匹敌的卓越产品。概括起来，工匠精神就是追求卓越的创造精神、精益求精的品质精神、用户至上的服务精神。

随着国家产业战略和教育战略的调整，"工匠精神"将成为普遍追求，除了"匠士"，还会有更多的"士"脱颖而出。

2. 诚实守信

诚实守信既是中华民族的传统美德，也是职业活动中从业人员对社会、对人民所承担的义务和责任。所谓诚实，就是忠于事物本来的面目，不歪曲、不篡改事实，同时不隐瞒自己的真实想法，行为上光明磊落，不欺骗他人。守信就是信守承诺，说话算数，讲信用，答应别人的事情一定做到，忠实履行自己承担的义务，"言必行，行必果"。

案例链接

俗话说"诚信二字丢，莫在世上走""君子一言驷马难追"。武汉黄陂孙水林兄弟俩每年都会在年前给农民工结清工钱，2009年年底哥哥孙水林为赶在年前给农民工结清工钱，在返乡途中遭遇车祸遇难。弟弟孙东林为了完成哥哥的遗愿，在大年三十前一天，将工钱送到了农民工的手中。兄弟俩的诚信之举深深打动了所有人。孙东林20年来坚守"新年不欠旧年账，今生不欠来生债"的承诺在网上广为传播。这兄弟俩，被人们称为"信义兄弟"。

诚实和守信是相互联系的，两者都讲究真实、不欺骗。诚实侧重于对客观事实的反映是真实的，对自己的想法表达是真实的；守信则侧重于信守对别人的承诺，忠实地履行自己应承担的责任和义务。诚实守信不仅是做人的基本准则，也是行事的基本原则。

3. 办事公道

办事公道是在爱岗敬业、诚实守信的基础上提出的一个更高层次的职业道德的基本要求。所谓办事公道，是指从业者在办事和处理问题时，站在公正的立场上，对当事双方公平合理，不偏不倚，按照同一个标准和原则办事。

案例链接

习近平刚当梁家河村支书的时候，村里接到上级分派下来的一批救济粮。粮食到了村党支部，大家都很高兴，但到了分粮食的节骨眼上，谁都说自己家里困难，谁都想多分一些粮食。不是村里的人不实在，而是因为那时候确实太穷了，涉及填饱肚子的问题，谁也不会谦让的。村里人开会商量这个事，说着说着大家就争吵起来。

习近平说："都别嚷了。咱们现在就到各家各户去看，究竟谁有多少粮食，都看得清清楚楚。谁该多分，谁该少分，不就一目了然了吗？"

习近平说完就站了起来，带领大家到各家各户去看，看每家有多少粮食，当众记录在册。从夜里十点多，一直看到凌晨五点，把各家存粮的情况第一时间都弄清楚了。散会的时间和到各家各户考察的时间是"无缝对接"的，谁也没有机会投机取巧，想要当众跑回家，把粮食藏起来的机会是没有的。看完以后，谁家粮食最少，就给谁家多一些。大家也就没得说了，这是最公正的解决办法。（摘自《习近平的七年知青岁月》）

办事公道、设身处地为群众着想，这句话说起来简单，做起来并不容易，这需要干部有一颗真诚的心，有一定的处理问题的经验和技巧。

人都是有尊严的，每个人都希望自己与别人一样受到同等的待遇。因此，作为一名从业者，在职业活动中，必须奉行办事公道的基本原则，在处理个人与国家、集体和他人的关系时，必须客观公正、照章办事、不徇私情。

4. 服务群众

服务群众是为人民服务的思想在职业道德中的具体体现，是各行各业从业者必须遵守的职业道德规范。所谓服务群众就是全心全意为人民服务。它指出了职业与人民群众的关系，我们工作的服务对象就是人民群众，我们应当时时刻刻为群众着想。服务群众不仅是对领导、领导机关、公务员的要求，也是对所有从业者的要求。

> 一个人做点好事并不难，难的是一辈子做好事，不做坏事。——毛泽东

案例链接

编外雷锋团

"编外雷锋团"是由雷锋的战友为雷锋精神所感染而自发组织的团体。该团体成员均

为河南邓州人,他们在河南大地上传承雷锋精神,服务人民群众。

50 多年前,河南邓州的 500 多名青年入伍,分配到沈阳军区工程兵某团,与雷锋成为战友。1962 年 8 月 15 日雷锋因公殉职后,他们把雷锋的光辉事迹和伟大精神铭记心中,处处实践雷锋精神,他们中的 10 人成长为雷锋生前所在团的团长、政治处主任及雷锋团一、二、三营营长和教导员,27 人成长为连排职干部……后来,他们陆续转业、复员回到故乡,组织起"编外雷锋团",继续弘扬雷锋精神,40 多年来没有一天停止过。截至目前,他们所在的这个小小的县级市建立了"学雷锋指导小组"23 个,作雷锋事迹报告2000 余场。"编外雷锋团"中的 1200 多人次被评为"优秀共产党员"和"先进工作者",近百人立功受奖。

在社会主义社会里,每个公民无论从事什么样的工作、能力如何,都应在自己的岗位上,通过不同形式为人民服务。

5. 奉献社会

奉献社会是社会主义职业道德的最高境界。所谓奉献社会,就是一心一意为他人、为社会、为国家做贡献,丝毫不考虑个人恩怨得失。一切从有益于他人、有益于社会、有益于国家和民族出发,只要是对人民利益有好处的,再苦再累也不怕,心甘情愿地奉献自己的一切,必要时甚至不惜牺牲自己的生命。奉献社会是一种人生境界,是一种融合在一生事业中的高尚人格,正如习近平总书记所说:"我将无我,不负人民。"

案例链接

伟大出自平凡,英雄来自人民

王继才生前是江苏省灌云县开山岛民兵哨所所长。开山岛位于我国黄海前哨,面积仅 $0.013 km^2$,约有两个足球场大小,邻近日本、韩国公海交界处,距最近的陆地江苏省连云港灌云县燕尾港约 12n mile。岛上生活条件的艰苦程度令人难以想象,野草丛生,海风呼啸,人迹罕至,条件极其艰苦。

1986 年,26 岁的王继才接受了守岛任务,从此与妻子以海岛为家,一守就是 30 多年。他们也被人们称为"孤岛夫妻哨"。他们在没水没电、植物都难以存活的孤岛上默默坚守,把青春年华全部献给了祖国的海防事业。

夫妻俩 30 多年每天在岛上升起五星红旗,早晚例行巡岛,观察监视和报告海上、空中情况,防敌内潜外逃,防敌小股袭扰,协助维护社会治安,救护海上遇险船只和人员,每天完成守岛日记的记录,遇有突发情况及时向上级部门汇报。

2014 年,王继才夫妇被评为全国"时代楷模"。2018 年 7 月 27 日,王继才在执勤时突发疾病,经抢救无效去世,年仅 58 岁。

"时代楷模"王继才

三、职业道德修养的方法和途径

人的道德品质不是自发形成和自然提高的,社会主义职业道德也是如此,必须通过长期的教育和耐心的修养,才能成为人们内在的品质和自觉习惯。当今社会,职业道德修养是道德建设的重要内容。职业学院的学生要使自己成为合格的人才,就必须注重加强职业道德修养。

1. 在日常生活中培养

(1) 从良好的习惯做起　良好的习惯是一个人受益终身的资本,不好的习惯则是人一生的羁绊。职业道德修养是一个长期的过程,每一位同学需要从小事做起,从现在做起,持之以恒,就能养成良好的习惯。

(2) 从自律做起从小事做起　严格遵守行为规范。在生活中,自律非常重要,只有对自己严格要求,才能客观认识自我,发现并改正自己的缺点,使事情做得更加完美。

案例链接

感动中国的王顺友,是一个普通的乡村邮递员。他一个人20多年走了约26万km的寂寞邮路。尽管生存环境和工作条件十分恶劣,但他没有延误过一个班期,没有丢失过一封邮件,投递准确率达100%。他说:"保证邮件送到,是我的责任。"在漫漫"孤独之旅"上他对自己严格要求,在"一个人的长征"中,他服务无数山里人的执着,为人类创造了一笔宝贵的精神财富。

2. 在专业学习中培养

良好的职业道德修养,离不开专业理论知识的学习和技能的提高。职业院校的学生要在专业学习和实践中增强职业意识,遵守职业规范,刻苦钻研,培养过硬的专业技能,提高自己的道德修养。

3. 在社会实践中培养

当一个劳动者以高度的职业责任感,认真履行自己的职业义务,并获得一定荣誉时,就意味着社会对其职业行为给予了肯定的评价,他便从中获得了良心的满足感。这种道德情感体验反过来又促使他坚定遵守道德行为的自觉性。相反,一个劳动者如果因违反职业道德规范而受到谴责,就会引起良心上的内疚感。这种情感体验,则会促使他改变自己的认识,矫正自己的行为。

只有在职业活动中,从业者才能获得真实的道德体验,才能提高职业道德认识,培养职业道德情操,树立职业道德信念,养成良好的职业道德行为习惯。

4. 在自我修养中提高

（1）学习先进人物，不断激励自己　榜样的力量是无穷的，以先进模范人物为楷模，激励和鼓舞自己加强职业道德修养，是提高自身职业道德水平的重要途径。现实生活中的模范先进人物都是在自己平凡的岗位上做出了不平凡的事迹，不是遥不可及的，我们身边就有许许多多这样的人物。我们要善于发现先进人物，向先进人物学习。

（2）提高精神境界，努力做到"慎独"　"慎独"就是在无人监督的情况下，也要忠于职守，自觉地遵章守纪，坚持道德信念，自觉地按照道德规范的要求去做事的一种道德品格和道德境界。"慎独"是道德修养的一种方法，是人生最高的道德境界。

> 诚于中，形于外，故君子必慎其独也。
> ——《大学》

案例链接

清代，河南巡抚叶存仁在一次离职时，僚属们为给他赠物、送礼，想方设法不透露风声，一举一动避人耳目，在深更半夜无人能知、能见、能闻之时，用小船给他送了一批财物。叶存仁既不想私藏暗吞，又不愿生推硬挡，就写诗一首加以拒绝。诗曰："月明风清夜半时，扁舟相送故迟迟。感君情重还君赠，不畏人知畏己知。"

个人成长练习

1. 搜索"霍兰德职业兴趣测试"量表，测试适合自己的职业范围。
2. 结合本章知识，列出自己的职业实施计划。
3. 举行一次班级交流会，介绍对你影响最大的道德楷模先进事迹。
4. 学唱一首励志歌曲。
5. 对照本章知识，对自己的职业道德进行检查，分析优缺点。

第四章 人际沟通

学习目标

☆ 了解沟通的含义。
☆ 掌握有效沟通的策略。
☆ 掌握不同沟通技巧的特点,并能灵活运用。
☆ 掌握职场常用沟通的技巧,培养人际沟通能力。
☆ 培养沟通意识,养成沟通习惯,树立人本理念。

引导案例

一把坚实的大锁牢牢地挂在一扇铁门上,一根铁杆费了很大的劲还是无法将它撬开。钥匙来了,它瘦小的身子钻过锁孔,只轻轻地一转,那把大锁就"啪"的一声打开了。

铁杆惊呆地问钥匙:"为什么我费了九牛二虎之力都打不开,而你却轻而易举地就把它打开了呢?"钥匙说:"因为我最了解它的心。"

沟通恰似这把能打开别人心灵的钥匙。沟通能力越来越成为职场成功者的首要要素,成为职场人士成功的必要条件。因此,了解沟通的含义,明确沟通在人际交往中的作用,掌握职场沟通的方式和技巧,是目前职业院校学生应具备的素质和能力。

沟通从心开始

第一节 人际沟通概述

一、人际沟通的概念

人际沟通是个体与个体之间的信息、情感、需要、态度等心理因素的传递与交流的过程，是一种直接的交流形式。

正确理解人际沟通的含义，应该把握以下几点：

1. 沟通是信息的传递与交流

没有信息的传递也就没有沟通的发生。这些信息包括思想、情感、价值观、意见和观点等。

2. 沟通成功的关键在于信息被充分理解

有效沟通不仅指信息被传递，还要双方能准确理解，即对方完全明白你的观点。不能说双方达成协议或者说让别人接受了自己的观点就是有效沟通，有时对方准确理解了你所说的意思却不一定同意你的看法。

3. 沟通是具有双向性、互动性的反馈过程

这种反馈表现为接收者可以通过语言表达出来，也可以通过目光、表情、身体姿势等形式将效果反馈给发送者。

人际沟通

 沟通就是说话，这种说法正确吗？

二、有效沟通的策略

为了实现有效沟通，必须掌握一些沟通策略和方法，解决沟通中存在的各种问题。

1. 明确沟通的目标

在进行沟通之前，必须明确沟通的目标，即为什么要沟通，本次沟通要达到什么样的沟通目标。目标不同，沟通方式的选择就不同。只有明确了沟通目标，才能达到预期的沟通效果。

> 教你一招：
> 有效果比讲道理更重要！

2. 分析沟通对象

沟通前，要了解沟通对象的情绪状况、认知水平、价值取向、性格特征、工作风格、社会地位，甚至兴趣、爱好等，从而做到因人而异。

3. 选择沟通渠道

沟通渠道主要有面对面沟通、电话沟通、个体沟通、团体沟通等。要根据自身的特点和沟通内容选择沟通渠道。

> 记住人家的名字，而且很轻易地叫出来，等于给别人一个巧妙而有效的赞美。
> ——[美]卡耐基

4. 提高自身的沟通技能

沟通者是沟通的行为主体，其自身的知识水平、专业背景、语言表达能力和服装仪表等都能直接影响沟通的效果。因此，沟通者要具备良好的心态、整洁的仪表、渊博的知识，学会用非语言信息辅助沟通，掌握各类沟通技巧。

案例链接

一则没有读懂肢体语言的故事

有一位女士出国旅游，她带着一只漂亮的小狗走进了一家饭店。因为语言不通，她就对着服务员指了指自己的嘴，然后又指了指小狗的肚子。于是，服务员将小狗拉走，又示意让她等一会儿。十几分钟后菜上来了，女士吃得非常满意。临走时她打手势要回小狗，却和服务员发生了争执。懂英语的经理急忙赶来问道："夫人，不是您要求我们为您代做狗肉的吗？"原来服务员没有读懂外国女士的肢体语言，将她的小狗做成菜给她吃了。

5. 调整自己的沟通风格

在沟通过程中始终把握的一个基本原则是：需要改变的不是他人，而是自己。在沟通过程中需要不断反思、评估、调整自己的沟通风格。

1. 你平时和别人沟通时存在哪些障碍？
2. 咬住一根筷子，对着镜子练习微笑。

三、人际沟通的方式

1. 语言沟通和非语言沟通

根据信息传递载体的不同，沟通可以分为语言沟通和非语言沟通。美国心理学家艾伯特·梅拉比安研究发现：在口头交流中，信息的55%来自面部表情和身体姿态，38%来自语调，只有7%的信息才是靠真正的词汇传递的。

（1）语言沟通　语言沟通是以语言文字为交流媒介来实现的沟通，是最熟悉的一种沟通方式。它又可细分为口头语言沟通和书面语言沟通两种方式，如面试和写求职信。

（2）非语言沟通　非语言沟通是指沟通过程中除结构化语言之外的一切刺激，包括肢体语言沟通（目光表情、手势、身体姿态）、副语言沟通（语音、语速、语调）和环境语言沟通（沟通场所、房间布置、色彩搭配、噪声、服饰、光信号、空间距离和时间）等。这些非语言行为具有广泛性、隐喻性，通俗准确、灵活自然，看似平淡，其实每种行为都隐含着独到的意义。

例如，两个人发生了口角，甲说："请您不要生气。"乙立即回答："我才不生气呢！"但是声音很高，怒目而视，还攥着拳头。这人虽然嘴里说不生气，其实是真的生气了。非语言信息往往比语言信息更能准确地表达信息，因此要善于恰当运用和解读非语言信息。非语言行为表达的含义见表4—1。

表4—1 非语言行为表达的含义

非语言表述	行为含义
手势	柔和的手势表示友好、商量，强硬的手势则意味着"我是对的，你必须听我的"
面部表情	微笑表示友善礼貌，皱眉表示怀疑和不满意
眼神	盯着看意味着不礼貌，但也可能表示寻求支持
姿态	双臂环抱表示防御，开会时独坐一隅意味着傲慢或不感兴趣
声音	演说时抑扬顿挫表明热情，突然停顿是为了造成悬念，吸引注意力

 现实生活中你还发现哪些非语言行为？请举例说明。

2. 正式沟通和非正式沟通

从组织系统来看，沟通可以分为正式沟通和非正式沟通。

（1）正式沟通　正式沟通是指以正式组织系统为渠道进行信息传递和交流。例如，某组织内部的文件传达，定期或不定期召开的会议。

正式沟通的优点是：效果好，形式严肃，约束力强，易于保密，可以使信息沟通保持一定的权威性。正式沟通的缺点是：因为依靠组织系统层的传递，所以很刻板，沟通速度慢，信息易失真。

会议沟通

（2）非正式沟通　非正式沟通是指以非正式组织系统或个人为渠道进行的信息传递和交流。例如，单位组织的联谊会、体育比赛、集体旅游、聊天、下棋，员工之间私下交换意见，以及传播小道消息等。非正式沟通具有积极作用，但有时也有消极影响。

3. 下行沟通、上行行沟通和平行沟通

根据信息的流向不同，沟通还可以分为下行沟通、上行沟通和平行沟通。

（1）下行沟通　下行沟通是指从一个较高层次向下一个较低层次进行的沟通。下行沟通的渠道和形式有备忘录、指示、政策、命令、布告、面谈、会议、反馈表等。

（2）上行沟通　上行沟通是指从较低层次向较高层次的沟通。例如，员工向上级管理

者反馈信息、汇报工作进度、申诉和提建议等。

（3）平行沟通　平行沟通是指发生在同一等级的群体成员之间，同一等级的管理者之间，以及任何等级相同的人员之间的沟通。

案例链接

一个替人割草的男孩出价 5 美元，请他的朋友为他给一位老太太打电话。电话拨通后，男孩的朋友问："您需不需要割草？"

老太太回答说："不需要了，我已经有了割草工。"

男孩的朋友又说："我会帮您拔掉花丛中的杂草。"

老太太回答："我的割草工已经做了。"

男孩的朋友再说："我会帮您把走道四周的草割齐。"

老太太回答："我请的那个割草工也已经做了，他做得很好，谢谢你，我不需要新的割草工。"

男孩的朋友挂了电话，不解地问："你不是就在老太太那里割草打工吗？为什么还要打这个电话？"

男孩说："我只是想知道老太太对我工作的评价。"

 这个故事说明了什么道理？

4. 个体沟通和团队沟通

（1）个体沟通　个体沟通是指两个人之间进行任意传递和情感交流的过程。个体沟通的能力主要有两个方面：一是提高理解别人的能力；二是增强别人理解自己的能力。个体沟通主要有以下三种常用方式：面对面沟通、电话沟通和电子邮件（或书面）沟通。个体沟通要坚持这样一个原则：能面对面沟通就不要采用电话沟通，能电话沟通就不要采用电子邮件沟通。因为，面对面沟通是一种自然有效的个体沟通方式，具有其他沟通不具备的优越性。

个体沟通

案例链接

有一个销售人员发现了"50-15-3-1"的数量规律，即每天给 50 个客户打电话，会有 15 个客户感兴趣，其中 3 个客户表示愿意面谈，最后能做成一笔生意。于是，他制订客户拜访计划，规定自己每天必须打 50 个电话。

（2）团队沟通　团队沟通是指为了更好地实现团队目标，团队成员之间进行信息传递和交流。一般团队成员人数为 2～25 人。

5. 单向沟通和双向沟通

（1）单向沟通　单向沟通是指没有信息反馈的传递，如演讲、通知、广告和报告。单向沟通一般比较适合下列情况：一是沟通的内容简单，要求迅速传递信息；二是下属易于接受和理解问题的方案；三是情况紧急而又必须坚决执行工作和任务。其缺点是：下级无法表达自己的感受、意见和建议。

（2）双向沟通　双向沟通是指反馈信息的传递，是发送者和接收者相互之间进行信息交流的沟通，如讨论会、面谈、谈判。现代企业越来越重视双向沟通，听取下级的想法和建议，激发员工参与管理的热情，促进企业的顺利发展。

资料链接

员工必须善于沟通

某公司采取开放的沟通模式，既有自上而下的，也有自下而上的。公司有一个"一对一面谈"制度，即公司与员工之间就工作期望与要求进行沟通。员工谈到如何在公司获得更好的个人发展时，深有感触地说："关键还是要善于沟通，不要处处都要领导来找你谈工作，而是随时和同事、领导保持一个非常顺畅的沟通关系。"也正是因为这样的原因，新员工在进入公司之初，得到最多的告诫就是不要去做远远超出自己能力的事情，必须善于沟通，融入团队。

第二节　有效沟通的技巧

沟通中"沟"是手段，"通"才是目的。正所谓："我们说什么并不重要，别人听到什么才最重要。"因此，要达到沟通的目的，需要掌握一些沟通的技巧。有位记者曾经问美国一位选民："你为什么喜爱克林顿？"那人回答说："他会看着你的眼睛，与你握手，抱起你的婴儿，拍拍你的小狗。"这简单的"看""握""抱""拍"四个动作的完成，就体现了其高超的沟通技巧。

有效沟通

一、倾听

1. 倾听的定义

倾听是指主体行为者通过听觉、视觉等媒介进行信息、思想和情感交流的过程。古希腊哲学家苏格拉底说，上帝给了我们两只耳朵，一个嘴巴，就是让我们用两倍于说的时间去倾听。

2. 倾听的意义和作用

倾听的意义和作用如下：
1）倾听能够帮助听者搜集到重要的和详细的信息。
2）倾听可以给说话者一个充分表达情感、发泄不满、自由倾诉的机会。
3）倾听能够起到激励作用，提高说话者的自信心和自尊心，加深彼此的理解和感情。
4）倾听有助于洞察对方的内心世界，捕捉到说服对方的突破口。
5）倾听是对别人的尊重，有利于建立良好的人际关系，使双方建立牢固的信任机制，增进友谊。

3. 倾听的技巧

（1）神情专注，理解对方传来的信息　俗话说："听话听音，浇花浇根。"在双向沟通中，双方一句话、一个词，甚至一个表情、一个动作都承载和传递着某种信息。要做到"五到"，即耳到（听）、口到（语言配合）、手到（肢体语言）、眼到（观察）和心到（用心体会）。

（2）注视对方的眼睛，适时给予恰当的呼应与配合　倾听不是毫无表情地傻听，而是随着谈话者的情感和思路的变化而产生呼应和配合，适时给予"点头、微笑、认同"的意思表示。目光接触是一种非语言信息，表示"我在全神贯注地听你讲话"。目光正视对方的眼睛与嘴部的三角区，表示对对方的尊重，但凝视的时间不能超过 5s，因为长时间凝视对方，会让对方感到紧张。

（3）不要有分散注意力的举动　与人交谈时，不要看窗外、看报纸、看天花板；不要用手指不停地敲桌子，或手来回在椅子的扶手上动；不要用手指反复地摆弄自己的头发、饰物或手表；不要有脸部神经抽动的表情动作；不要坐在椅子上晃动、跷二郎腿或者抖腿，否则，会使对方认为你很冷淡或不感兴趣，即使有重要的话题也不愿再说下去；双手不要放在口袋里面，双臂不要交叉抱在胸前，这是个非常不友好的姿势。

 你在和别人沟通时有上述举动吗？请你的同学帮助检查。

案例链接

有一位年轻人曾经拜师苏格拉底，求教演讲的技能。为了表示自己生来具备的出色口才，他滔滔不绝地对苏格拉底讲了起来。苏格拉底打断了他的讲话，要他交双倍的学费。年轻人惊诧地问道："为什么？"苏格拉底说："因为我要教你两门功课，一门功课是先学会怎样闭口，另一门功课才是学习怎样开口。"

4. 恰当运用非语言信息

非语言信息作为一种无声的"语言"，从眼神、姿势到空间距离，恰当地运用会使沟通起到事半功倍的效果。常用的非语言信息的含义如下：

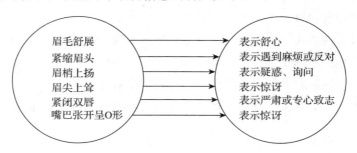

 1. 你在和别人谈话时是否做到了倾听？
2. 你在倾听时还存在哪些问题？自己把这些问题写在纸上，并且恳求同桌给予指出，共同帮助解决。

二、提问

1. 提问的概念

提问是收集信息和核对信息的手段，是双向沟通中最基本的方法。提问按问题的开放程度可分为开放式提问和封闭式提问。

（1）开放式提问　开放式提问是指被提问者在回答提问时，不能用简单的"是"或"不是"，"对"或"不对"来回答，必须经过思考来加以解释。开放式提问时常采用"什么""谁""如何""什么地方""你对这个问题有什么看法"等特殊疑问句，如："老师，我应该如何规划我的职业生涯？"

（2）封闭式提问　封闭式提问是限制性提问或有方向性提问，回答结果往往可控制，如"是"或者"不是"，"对"或者"不对"。

课堂教学

 1. 同学之间练一练以上两种提问方式的使用场景。
2. 总结一下这两种提问方式的不同沟通效果。

2. 提问的技巧

（1）选择合适的提问方式　可以多种方式交叉使用，做到因人而异、因时而异、因环境而异。例如，时间允许时可采用开放式提问，时间受限时就用封闭式提问，对方遮遮掩掩时可以采用追问方式，强迫对方接受时可以采用反问方式等。

（2）问题要明确　抓住要点，精练简洁，太多的提问会打断对方的思路。

（3）把握提问的时机　一般情况下，在对方将某个观点阐述完毕后及时提问。在不适当的时机提出问题，可能会带来意想不到的损失。

（4）注意提问的语气、语速　一问一答，审犯人一样的氛围会让人窒息。正所谓："良言一句三冬暖，恶语伤人六月寒。"

> 提出一个问题比解决一个问题更重要。
> ——[美]爱因斯坦

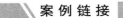
案例链接

提问的艺术：一个鸡蛋还是两个鸡蛋

有两家餐馆，每天的顾客相差不多，都是川流不息，人进人出。然而，晚上结算的时候，左边的餐馆总是比右边的餐馆多出百十来元，天天如此。

细心的人发现，走进右边的餐馆时，服务小姐微笑着迎上去，盛了一碗饭，问道："加不加鸡蛋？"客人有说加的，也有说不加的，各占一半。

走进左边的餐馆，服务小姐也是微笑着迎上前，盛上一碗饭，问道："加一个鸡蛋还是两个鸡蛋？"客人笑着说："加一个。"再进来一个顾客，服务小姐又问："加一个鸡蛋还是加两个鸡蛋？"爱吃鸡蛋的说加两个，不爱吃的就说加一个，也有要求不加的，但是很少。

一天下来，左边的餐馆就总比右边的餐馆卖出的鸡蛋多一些。

三、表达

1. 表达的概念

表达是指沟通过程中用语言交流思想、表达情感、解决问题的一种方式。作为沟通中的一种技巧，要求表达时语言不仅要使对方听懂、理解，而且还应使对方认清事实，同意你的观点，进而改变其态度，修正其行为。这也是人们常说的语言技巧。

2. 表达的技巧

（1）不要吝惜赞美　马克·吐温说过："当我得到别人赞美时，可以凭着这份赞赏愉快地生活两到三个月。"赞美是对他人行为、举止及工作给予的正面评价，是人际沟通中最重要的技巧。赞美在协调人际关

> 教你一招：
> 赞美就要说出来！

系上简直等同于生命、阳光和空气。在赞美时,你必须确定你赞美的人确实有此优点,并且要有充分的理由赞美他。不能偏离事实,更不能无中生有,否则将弄巧成拙,招致误解。也不能言过其实,乱给别人戴"高帽",否则就会变成一种讽刺。赞美要依据具体的事实评价,除了用"你真棒""你表现很好""你不错"外,最好加上具体事实的评价,例如:"你这场球打得真棒!"

(2) 幽默风趣,调节气氛　幽默能使谈话气氛轻松、活跃。一次,古希腊著名哲学家苏格拉底正与朋友们高谈阔论时,他的妻子突然闯进来,大吵大闹,还把一盆水浇到他头上。朋友们非常惊讶,不知如何是好。苏格拉底却风趣地说:"我早已料到,雷声过后,必定有倾盆大雨。"朋友们大笑,气氛一下子又轻松活跃了起来。

(3) 善用比喻,通俗易懂　比喻是表达中常用的一种语言艺术。它可以把深奥、难懂的问题简单化,让对方能听懂;把尖锐的问题含蓄化,有利于弱化对方的对抗情绪,提高表达的效果。

(4) 先情后理,以情感人　俗话说:"感人心者,莫先乎情。"情感可以使人产生一种无形的气势和巨大的力量,所以管理者在沟通中表现出的理解、信任、宽容、同情都至关重要。英国的思想家培根说过:"和蔼可亲的态度是永远的介绍信。"

资料链接

赞美的力量

戴尔·卡耐基是20世纪最伟大的心灵导师和成功学大师,他通过演讲和写作帮助无数想成功的普通人实现了梦想。

在戴尔·卡耐基9岁的时候,他父亲把他介绍给继母时说他是个坏男孩,爱搞恶作剧并让人头疼。继母却说:"不不不,亲爱的,我猜你是在开玩笑。戴尔给我的印象好极了。他很机灵,很懂事。他绝不可能是个坏男孩。可能是他的精力比别的小朋友旺盛,总是喜欢让我们大家惊讶一下吧。"继母一边微笑着说话,一边走过来,轻轻地摸了摸他的脑袋。戴尔·卡耐基心里热乎乎的,眼眶里充盈着泪珠。

继母的赞美与肯定使戴尔·卡耐基获得自信与激励,努力改变自己,不断挑战自己,取得了一个又一个成功。

1. 这个故事对你有何启发?
2. 用心呵护你的一盆花,观察花有何变化。

四、反馈

1. 反馈的概念

反馈主要起传递信息和激励的作用,架起沟通的纽带和桥梁。如果只是"倾听"而毫无反馈，对于信息提供者来说就好比是"对牛弹琴"。有效反馈是有效倾听的体现。

2. 反馈的技巧

（1）注重鼓励　引用对方说过的几个字或一句话，表示赞同。使用简单的应答性词语，激发对方表达深入交流的意愿，但同时应注意加以适当的引导，避免跑题。例如："你刚才的这句话很有道理。"

（2）适时提问　适时地提出问题，澄清事实，询问实例。

沟通与反馈

（3）适当重述　简单概括，将对方的言语内容重新复述给对方，使对方有重新回顾的机会，有利于讨论时找出沟通重点。

（4）反馈对事不对人　尤其是负反馈要就事论事，应该是描述性的而不是评价性的，要避免伤害对方的自尊心。

（5）反馈要具体化　提供给对方的资料要有理有据，避免含糊笼统，以便帮助改正对方的态度和行为。

（6）负反馈应该是建设性的　反馈的目的之一是调节人的行为，引导人的行为，指向可改进的个人行为。所以，反馈不能是打击报复。

五、选择合适的话题

1. 话题的作用

哲学家葛拉西安在他的《智慧书》中说道："没有一种人类活动像说话一样谨慎小心，甚至我们的成败输赢都取决如此。"选择的话题应该起着缩短人与人之间的距离，愉悦心情的作用。一个合适的话题，会促进有效沟通，否则会破坏你的形象，影响沟通的效果。

> 语言最能表现一个人。只要你一张口，我就能了解你！
> ——[英]本·琼生

2. 选择话题

（1）谈对方感兴趣的、知识性的话题　不要喋喋不休地谈对方没兴趣的事情，更不要过多地谈论自己的生活、事业、前途和规划。不要问及别人的隐私，如工资、年龄、婚姻等。不要问及别人伤感的事情，要提及别人幸福和快乐的事情。

（2）谈论中性话题　不要谈论不利于宗教、民族团结的敏感话题。

（3）谈论鼓舞人心的、快乐的消息　不要在背后对共同相识的人做消极评论，不传播坏消息。

（4）少说多听　把说话的机会留给别人。

（5）不要插话　他人讲话时，尽量不要中途打断，确需发表个人意见或进行补充时，应等对方把话讲完。

第三节　职场沟通的技巧

美国心理学家阿尔波特说："同样的火候，使黄油会熔化，使鸡蛋凝固。"这句话用在沟通上同样有道理。与不同气质类型的人沟通，与不同职场身份的人沟通，与不同文化背景的人沟通，都要做到知彼知己、因人而异，这样才能达到沟通的效果。

一、与不同气质类型的人沟通

与不同气质类型的人沟通的技巧见表 4-2。

表 4-2　与不同气质类型的人沟通的技巧

类型	沟通技巧
胆汁质	该类型的人最渴望得到欣赏和感恩，因此应欣赏并感激他们所做的事情；理解他们说话直率，不是在故意伤害别人；承认他们做出判断的天赋和能力；坚持双向交流，但是不故意去冒犯他们；清楚地划分责任和工作范围；和他们沟通时避免不必要的冲突和麻烦
多血质	该类型的人最渴望得到关注和认可，因此应称赞他们所做的每一件事，称赞和表扬是他们的精神食粮；理解他们说话不会三思；原谅他们做事无条理和失约；别期望他们去做力所不及的事情；鼓励比批评、抱怨、讽刺和贬低更能促使他们做得更好
黏液质	该类型的人最渴望被尊重，因此应理解他们，引导他们接受不完美；不要期望他们有热情；不要在他工作时打扰他们；欣赏他们的周全考虑
抑郁质	注意说话时的措辞和音量，以免他们受到伤害；接受他们的抑郁情绪；多血质的人连取笑都当成赞美，而抑郁质的人常把赞美当成取笑，因此，对他们的赞美要真诚，并且具体化

 根据自己和同桌的气质类型，找出两人沟通时应注意的问题。沟通时你应注意哪些问题？

二、与领导沟通

1. 维护领导要讲原则

作为下属要在各方面维护领导的权威和尊严，支持领导的工作，这是下属应尽的职责。对领导在工作上要支持、尊重和配合，要做到尊重而不吹捧，即维护领导要有原则。

2. 请示而不依赖

下属不能事事请示，遇事没有主见，大小事不能做主。这样领导也许会觉得你办事不力，顶不了事。该请示汇报的必须请示汇报，但决不要依赖、等待。

3. 主动而不越权

对工作要积极主动汇报，敢于直言，善于提出自己的意见。要克服两种错误：一是领导说啥是啥，叫怎么着就怎么着，反正好坏没有自己的责任；二是自恃高明，对领导的工作思路不研究、不落实，另搞一套，阳奉阴违，甚至擅自超越自己的职权。

4. 对改进工作的建议事先准备答案

领导对于你的方案提出疑问，如果你事先毫无准备，前言不搭后语，自相矛盾，就不能说服领导。如果事先收集整理好有关数据和资料，做成书面材料，借助视觉力量，就会加强说服力。

5. 说话简明扼要，重点突出

在与领导交谈时，一定要重点突出，简明扼要地回答领导最关心的问题，而不要东拉西扯，分散领导的注意力。

6. 向领导请示汇报的程序和要点

（1）仔细聆听领导的命令　一项工作在确定了大致的方向和目标之后，领导通常会指定专人来负责该项工作。如果领导明确指示你去完成某项工作，那你一定要用最简洁有效的方式明白领导的意图和工作的重点。此时你不妨利用传统的"5W2H"法来快速记录工作要点，即弄清楚该命令的时间（when）、地点（where）、执行者（who）、为了什么目的（why）、需要做什么工作（what）、怎样去做（how）、需要多少工作量（how much）。

（2）与领导探讨目标的可行性　作为下属，在接受命令之后，应该积极开动脑筋，对即将负责的工作有一个初步的认识，告诉领导你的初步解决方案，尤其是对于可能在工作中出现的困难要有充分的认识，对于在自己能力范围之外的困难，应提请领导协调别的部门加以解决。

（3）拟订详细的工作计划　在明确工作目标并和领导就该工作的可行性进行讨论之后，尽快拟订一份工作计划，再次交给领导审批。在该工作计划中，你应该详细阐述你的行动方案与步骤，尤其是对你的工作进度要给出明确的时间表，以便于领导进行监控。

（4）在工作进行之中随时向领导汇报　无论是提前还是延迟了工期，都应该及时向领导汇报，让领导知道你现在在干什么，取得了什么成效，并及时听取领导的意见和建议，以便使工作及时得到纠正和完善。

（5）在工作完成后及时总结汇报　完成了一项工作之后，应该及时将此次工作进行总结汇报，总结成功的经验和其中的不足之处，以便于在下一次的工作中加以改进和提高。

 写一份关于班级篮球比赛的行动方案计划书。在向班主任或辅导员请示汇报时，应注意沟通哪些问题？

三、跨文化沟通

1. 跨文化沟通的概念

跨文化沟通是指发生在不同文化背景的人们之间的信息交流。因为是来自不同文化背景的沟通双方，所以他们在行为方式、价值观、语言和生活背景等方面都存在着较大的差异。这就决定了跨文化沟通比在相同文化背景中的沟通要困难得多。

2. 影响跨文化沟通的因素

（1）价值取向的差异　在跨文化沟通中，世界观、人生观和价值观的差异是影响跨文化交流的最重要因素之一。要进行有效的沟通，必须了解来自不同文化环境中的人们的价值取向。

东方文化受儒家思想的影响，人们形成的价值取向主要是：尊重权威，重视等级，强调集体利益高于个人利益，主张和为贵，重人情、重面子等。

西方文化受犹太教、基督教的影响，人们形成的价值取向主要是：以个人主义为主，倡导独立性，重视个人能力的发挥，注重自身的价值与需要，权力差距小，等级地位模糊，法制观念强等。

（2）社会规范的差异　社会规范是指人们应该做什么，不该做什么的规范。具体形式有风俗习惯、道德规范、法律规范和宗教规范。它是跨文化沟通中引起误解和冲突的一个重要因素。

1）风俗习惯。风俗习惯是出现最早、流行最广的一种生活方式，表现在饮食、服饰、节庆、婚姻、丧礼、社会交往等各个方面。各民族对本民族的风俗习惯有特殊的感情，不仅自己要遵守，而且不容外人亵渎。

2）道德规范。不同文化中有共同的道德规范也有不同的道德规范。由于道德规范是比风俗习惯更高层次的社会规范，因而沟通者对道德规范上的差异更应引起注意。

3）法律规范。不同文化之间的经济制度、政治制度、法律、宗教、婚姻、医疗保障制度都不相同。这些法律规范差异是影响跨文化沟通的一个主要因素。

4）宗教规范。宗教体系包括信仰、宗教节日、宗教仪式、礼拜所在地点、教规、戒律、组织系统等诸多方面。如果我们不理解这一体系，就会引起很大的麻烦。

想一想　你知道哪些宗教规范差异？

（3）语言差异和非语言差异

1）语言差异。每个民族都有独特的语言，这是跨文化沟通最直接最明显的障碍。例如，同一个词语在两种语言中字面意义相同，但引申意义却不相同，甚至含义截然相反。

资料链接

沟通双方共有词汇的文化含义不同

英国人说"她像一只猫"——她是个脾气不好爱骂人的女人。

中国人说"她像一只猫"——她是一个温顺的女人。

在希腊和罗马神话中，猫头鹰常常栖息在智慧女神雅典娜旁边——猫头鹰象征思想和智慧。

在中国，猫头鹰常常以在夜晚发出凄厉的叫声的形象出现——猫头鹰象征不吉利。

2）非语言差异。非语言差异是指在沟通环境中除去语言刺激以外的一切由人类和环境所导致的刺激。这些刺激对于沟通双方具有潜在的信息价值。例如：拇指和食指捏成一个圈向别人伸手，在美国象征"OK"；在日本则表示钱；在阿拉伯人中，这种手势常常伴随着咬紧牙关，表示深恶痛绝。

（4）沟通者个人素质　在跨文化沟通中，文化差异的客观存在造成了跨文化沟通的障碍，但是沟通者的个人素质也影响着跨文化沟通的障碍。例如，是否尊重、理解，是否心存成见，是否有种族歧视等行为，都决定着沟通的效果。

3. 跨文化沟通的技巧

（1）互相尊重，取长补短　在涉外企业中，沟通双方要在文化平等的前提下，互相尊重、真诚合作、消除偏见、取长补短，容忍对方的不同意见，适当让步；既要反对一切照搬西方，不顾中国的国情和文化特色，也要反对盲目地坚持"纯粹中国化"，而不顾及外国的国情和文化特色。

教你一招：
微笑是最好的沟通！

（2）知己知彼、减少冲突　跨文化沟通的难度就在于文化的差异性。因此，沟通者要了解双方文化中的沟通方式、语言、服饰、礼仪、食物与饮食习惯、时间观念、人际关系方式、价值观、社会规范、宗教信仰和态度、心理过程等文化要素的具体表现，做到知己知彼，减少不必要的矛盾和冲突。

（3）尊重礼仪，求同存异　在跨文化沟通过程中要尽可能理解对方、尊重对方。特别是对那些主观上并无恶意，观点、立场、态度与自己不同的人，要做到求同存异、和平共处。尤其要尊重对方所在国的特殊礼仪和习俗。

> **资料链接**
>
> 在西方讲究"六不问"
>
> 在西方，经历、收入、年龄、婚姻、健康状况、政治见解均属于个人隐私，别人不应查问。西方人特别是女人，一般不把自己的年龄告诉别人，询问年龄、异性婚否，打听别人的家庭地址、个人收入会被认为无教养，会让人觉得讨厌。

四、求职面试沟通的技巧

1. 收集信息

收集信息要做到早、广、实、准。"早"指要早做准备，收集信息应及时。"广"就是信息面广，广泛收集各方面、不同层次的招聘信息。"实"是指收集的信息要具体，如用人单位的性质、规模、产品、效益、企业文化，招聘人员的性别、年龄、专业、技术、岗位等的具体要求，将给予应聘合格者的薪资福利等。"准"是指收集的信息尽可能做到准确无误。

2. 准备材料

准备好能够证明个人情况的所有材料。一般情况下，这类材料大体分为两种：一种是可证明自身条件的材料，如个人简历、求职信、身份证、毕业证、职业资格证；另一种是可证明自身水平的材料，如获奖证书、专业技术证书、荣誉证书、发明证书等。这样，在面试中介绍自己的情况时，能够做到有凭有据。

3. 谈话技巧

从求职者的谈话中不但可以看出求职者的知识水平和语言表达能力，还可以判断出其道德水平和认识、分析问题的能力。在面试中，求职者要做到以下几点：

1）主动与招聘者打招呼并介绍自己的姓名。

2）回答问题时，要语言简洁、有主见、诚恳、机智。

3）碰到对自己不利的问题时，要尽量不损害自己的形象，并且表达出弥补缺陷的决心。例如，招聘者问："公司的工作非常艰苦，你能适应吗？"求职者绝对不能说"我不能"或"我试试看吧"之类的话。而是要回答："我了解情况，但是我不怕吃苦，我相信我能行。"又如，某营销专业的学生面试时，招聘者问："你谈谈你最大的缺点是什么？"他回答："不善与人交际。"结果他落选了。

4）要恰当地利用好非语言信息。求职时要穿戴整齐、得体，站姿、坐姿、走路姿势、面部表情、握手动作、腿部动作都会给招聘者留下深刻的第一印象。有研究结果表明，80%的招聘者在最初3min内就已经对求职者做出了初步结论。

4. 注意倾听

会听就是要准确地理解招聘者谈话的要点和实质,并积极做出反应,如做出听懂或认同的暗示。没听懂的问题,可以及时提出,招聘者会因为应聘者的专心而产生好感。但是,尽量不要轻易打断招聘者的谈话,若确实需要,应先说一声"对不起,我想……"说完后,说声"谢谢",并请对方继续说下去。另外,事先要准备好纸笔,记录一些比较重要的情况和问题。

5. 企业面试常问的问题

企业面试常问的问题如下:

1)你为什么选择本公司?
2)你希望本公司如何安排你的薪资?
3)介绍一下你自己(提示:家庭情况、个人的优缺点、兴趣爱好、专业特长等)。
4)你的朋友如何评价你?
5)我认为你不大适应本公司的工作,你怎么看?
6)在学校参加过何种勤工俭学或社团活动?谈谈你的认识。
7)你认为人际交往中最重要的品质是什么?
8)你竞聘这项工作的优势在哪里?

企业面试

1. 针对以上问题,你准备怎样回答?
2. 在老师的指导下,在班级内进行模拟训练。

6. 写求职信

一封好的求职信能吸引招聘人员的目光,令招聘人员耳目一新并产生兴趣,帮你最终赢得工作。撰写求职信的基本要求是:书写规范、谦恭有礼、情真意切、言简意赅。求职信属于书信范畴,主要包括标题、称谓、正文、结束语、落款和附件6部分。

(1)标题　标题为"求职信"或"自荐信",位于第一行居中的位置。

(2)称谓　一般收信人是公司或单位负责人,可直接称为"××公司负责人/企业经理/厂长"等,为表示礼貌,可称为"尊敬的××"。

(3)正文　正文是求职信的核心,形式多样,主要内容包括求职信息的来源、应聘岗位和个人的基本情况。求职信息的来源与应聘岗位部分应写明应聘者想申请的岗位,以及是如何获得该单位招聘信息的。例如,我很高兴获取贵公司×××年××月××日在我校公布的招聘信息,我希望应聘贵公司招聘的××岗位,我的专业是××,一直盼望着能有机会加入贵公司。个人的基本情况部分需写明应聘者对岗位感兴趣的原因，以及个人所特有的、可为单位做贡献的技能等。例如，我刻苦勤奋，曾荣获××专业省级技能比赛一等奖，且具有较强的组织协调能力，我愿把我的技能、责任心与热情贡献给贵公司。

（4）结束语　求职信一定要写上一些祝颂话或致敬语，如"此致敬礼"等。

（5）落款　落款包括署名和日期，应写在正文的右下方。

（6）附件　应聘者选用的证明材料，如学历证书、获奖证书和专业技术等级证书的复印件等。

  根据自己的实际情况，试写一份求职信。

个人成长练习

1. 对照本章内容，进行自我沟通能力检查。
   我在沟通方面存在哪些优势和不足？
   优势：_____。

   不足：_____。

2. 主动找一位亲人、同学或老师针对某件事情，按照下面的沟通步骤，做一次有效沟通。

我感谢你（或我理解你）	
我的感受是	
我渴望	
提供新信息	
我希望	

3. 召开一次以同学间沟通为主题的班会——"找朋友"。
   活动程序如下：
   1）播放歌曲《相亲相爱的一家人》，创设温馨和谐的氛围。
   2）每人写一张介绍自己信息的纸条，放在事先准备好的纸箱里，然后再伸手随意摸，在同学中找到那位你摸到信息的"有缘人"后，用背靠背、对面坐、俯视等三种姿势谈心，并找出彼此三个以上的共同点和不同点。
   3）每个人在班内交流不同沟通方式的感受。

第五章 心理健康

学习目标

☆ 掌握心理健康的含义、一般表现及意义。
☆ 了解影响心理健康的因素。
☆ 掌握培养健康心态的基本方法。
☆ 理解友谊的含义,培养交友能力。

引导案例

曾荣获 18 个世界冠军和 4 枚奥运会金牌的邓亚萍在她的自传体文章中写道:我不如别人,我自卑,所以我不停地努力。当年从郑州到国家队的时候,没有一个人肯定我,他们说一米五的个子怎么能打好球呢?为了证明给他们看,我练得快发了疯……后来我成功了,别人又说只会打球,没有大脑。于是我就发疯地学习……1996 年亚特兰大奥运会结束后,我怀着既兴奋又忐忑的心情走进了清华大学,老师说先看看外语水平。26 个英文字母,我连大写带小写,混在一起才勉强写完,我特别不好意思地跟老师说,我就是这个水平,不过请您放心,我一定会努力……终于,我得到了英国剑桥大学经济学博士学位。

一位著名的心理学家评价说,只有像邓亚萍这样心理健康的人,才能拥有变不利为有利的巨大力量。由此可见,了解心理健康方面的知识,保持健康心态,对一个人的健康成长及事业发展具有十分重要的意义。

第一节 心理健康概述

一、心理健康的认知

1. 健康的含义

《世界卫生组织宪章》认为,健康就是一种在身体上、心理上和社会上的完美状态。

健康通常是指人的身体不但没有缺陷和疾病，生理功能正常，还要有良好的心理状态和社会适应状态。因此，健康不仅仅是指人没有疾病或病痛，而是指一种身体上、精神上和社会上的完全良好状态，也就是说，健康的人要有强壮的体魄和乐观向上的精神状态，并能与社会及自然环境保持协调的关系和良好的心理素质。

> 健康是人生第一财富。
> ——[美]爱默生

资料链接

倡导健康文明的生活方式。最好的医生是自己。健康既是一种权利，也是一种责任。世界卫生组织研究发现，在影响健康的因素当中，生物学因素占15%、环境影响占17%、行为和生活方式占60%、医疗服务仅占8%。建设健康中国，既要靠医疗卫生服务的"小处方"，更要靠社会整体联动的"大处方"，树立大卫生、大健康的观念，把以治病为中心转变为以人民健康为中心，关注生命全周期、健康全过程。

健康是人的基本权利，是人生最宝贵的财富之一；健康是生活质量的基础；健康是人类自我觉醒的重要方面；健康是生命存在的最佳状态，有着丰富深蕴的内涵。

资料链接

世界卫生组织提出的十项健康标准

① 精力充沛，能从容不迫地应付日常生活和工作的压力而不感到过分紧张和疲劳。
② 处事乐观，态度积极，乐于承担责任，事无巨细不挑剔，工作有效率。
③ 善于休息，睡眠良好。
④ 应变能力强，能适应环境的各种变化。
⑤ 具有抗病能力，能够抵抗一般性感冒和传染病。
⑥ 体重得当，身材均匀，站立时头、肩、臂位置协调。
⑦ 眼睛明亮，反应敏锐，眼睑不发炎。
⑧ 牙齿清洁，无空洞，无龋齿，无痛感；齿龈颜色正常，不出血。
⑨ 头发有光泽，无头屑。
⑩ 肌肉、皮肤富有弹性，走路轻松有力。

 根据以上十项健康标准判断自己是否健康。

2. 心理健康的含义

所谓心理健康是指一个人的生理、心理与社会处于相互协调的和谐状态，即一个人有着良好的心理状态和社会适应能力。具体表现为：身体、智力、情绪十分协调；适应环境，人际关系和谐；有幸福感；在学习工作中能充分发挥自己的才能等。

二、心理健康的一般表现

1. 智力正常

智力正常是指具有正常水平的智商（IQ），即感知、记忆、思维等能力正常。正常的智力水平是人们生活、学习和工作的最基本的心理条件。一般来说，绝大部分人的智力是正常的，但人的智力是有差异的。智力等级分布见表5-1。

表5-1 智力等级分布

智力等级	IQ的范围	人群中的理论分布比率（%）
极超常	≥130	2.2
超常	120~129	6.7
高于平常	110~119	16.1
平常	90~109	50.0
低于平常	80~89	16.1
边界	70~79	6.7
智力缺陷	≤69	2.2

2. 自我评价客观

客观地进行自我评价也是心理健康的一种表现，包括了解自己、接受自己、悦纳自己和完善自己。自我评价客观就是对自己有准确的定位，了解自己的优点和缺点，了解自己的能力、性格、爱好和情绪特点，并据此来安排适合自己的生活、学习与工作，科学地进行职业生涯规划。

 案例链接

有人曾经向享誉世界的"经营之神"——松下幸之助请教他创建世界大型企业的成功秘诀。他说他的成功主要得益于三点：第一，出身贫寒；第二，学历低下；第三，体弱多病。他说，贫寒是他奋斗的原始动力；学历低下让他谦虚好学；体弱多病让他创建了一种全新的企业经营模式，而这正是松下公司迅速崛起并不断发展的根本原因。

想一想
1. 松下幸之助是如何把自己的劣势转变为优势的？
2. 松下幸之助的事例对你有何启示？

3. 情绪稳定乐观

情绪稳定乐观是心理健康的重要表现。情绪是人对客观事物的反映。每个人都可能体验到"喜、怒、哀、乐、悲、恐、惊",就像一年有春夏秋冬一样实属正常现象。因此,情绪在一定程度内变化也是正常的,但情绪经常大起大落地变化或经常愁眉苦脸、灰心丧气、喜怒无常,且无法摆脱这些消极情绪,则是心理不健康的表现。

> 毫无理想而又优柔寡断是一种可悲的心理。
> ——[英]培根

4. 意志健全行为协调

意志品质也是衡量心理健康的重要表现之一。心理健康的人,思想与行为是协调统一的,做事目的明确合理,自觉性高;善于分析情况,意志果断、坚韧,有毅力,心理承受能力强;自制力好,既有现实目标的坚定性,又能克制干扰目标实现的愿望、动机、情绪和行为,不放纵任性,具有与年龄相适应的角色行为。

5. 人际关系和谐

心理健康的人在社会生活中乐于交往,能保持和谐的人际关系。健康的人际关系不单单指朋友多、不孤单,还包括在人际互动中获得温暖、关爱的情感体验和个人某些方面的成长。例如,在交往中宽以待人,乐于助人,能尊重、信任、理解他人,与集体的关系较好,在交往中能保持独立的自我,有自知之明。

6. 良好的社会适应能力

心理健康的人能够与社会保持良好的接触,并了解和认识社会,正确处理个人和社会环境的关系;对社会现状有清醒的认识,使自己的思想、行为与社会环境相适应;在社会环境改变时,不怨天尤人、随性而为或一意孤行,而是面对现实,及时进行自我调整。

总之,心理健康并非是超人的非凡状态,一个人的心理健康也不一定在每一个方面都有表现。只要在生活实践中,能够正确地认识自我,自觉控制自己,正确对待外界的影响,使心理保持平衡与协调,就已具备了心理健康的基本特征。

资料链接

一位受过良好教育的妇女,跟随其公派去墨西哥工作的丈夫,住在一个边远的小镇,周围是语言不通的墨西哥人和印第安人。在她眼里,他们是那样的粗俗和无知,根本无法想象能与他们进行交往,她感觉到很孤独。当丈夫外出只有她一个人在家时,她甚至感到了害怕和恐惧。她觉得自己再也待不下去了,于是写信给父母,说无论如何都要回家。

父亲的回信只有短短的两行字:两个犯人都从牢里的铁窗望出去,一个人看见的是泥土,一个人看见的是星星。反复咀嚼父亲的话,她懂得了要发现满天美丽的星星,必须改变自己的交往状况。于是，这位妇女开始尝试与当地人交流。她对墨西哥人地摊上摆的纺织品和陶器表示赞赏；她向印第安人请教有关仙人掌的知识；她诚心诚意地向周围的人发出友好的微笑……没想到，当地居民对她的回报竟是那样的纯朴和热情，他们甚至把自己喜爱的、从不卖给游客的纺织品和陶器送给她……本来想象的难以开展的交往，原来并不困难，关键是自己要"乐于"去交往。这位妇女后来写了一本书，书名叫《快乐的城堡》。

  在现实生活中你是否乐于交往？
表现：
不足：

三、心理健康的重要意义

1. 心理健康是身体健康的保证

俗话说：笑一笑十年少，愁一愁白了头；笑颜常开健康在；生气催人老，笑笑变年少。以上俗语都生动地说明了心理健康与身体健康的关系。人有"七情"，即喜、怒、忧、思、悲、恐、惊，这原本是人之常情，但太过就成了心理不健康的表现，而心理不健康是百病之源。因此，有"七情太过生百病"之说。

资料链接

《三国演义》中的周瑜，智谋出众，年轻有为，英气不凡，具有非凡的胆略和豪迈的气概。但他有一个弱点，心眼小，爱生气，最后在诸葛亮的"三气"之下，终于被气死。临死前他还说："既生瑜，何生亮？"一代名将最终死在一个"气"字上。

近代医学常将"笑"作为处方，认为生活中倘若没有"笑"，人就会生病。因此，笑有利于调节良好的情绪，有利于调整大脑及整个神经系统的功能，使身体各系统的活动处于协调状态，对人的生命活动起到良好的调节作用。

英国科学家法拉第年轻时由于工作过度紧张，精神失调，身体十分虚弱，多方求医均不见效。后经一个名医检查后，开了一个著名的药方：一个小丑进城，胜过一打名医。法拉第经过研究后，终于明白了其中奥妙，从此，他经常看滑稽戏、喜剧和马戏团表演，常常高兴地捧腹大笑，身体也渐渐地健康起来。

微笑训练

2. 心理健康有利于促进学习成绩的提高和智力的发展

心理健康的学生，学习成绩必优于心理不健康者。心理健康可使个体经常保持愉快、乐观的心情，这种心理状态能促进大脑机能水平的提高，有利于调节个体智力活动的积极性，激发大脑皮层优势兴奋中心的形成，对新的暂时神经联系的建立、旧的神经联系的复活也十分有利。

心理学家通过实验证明，经常承受挫折和失败体验的学生，他们的智力活动效率必然受到损害，他们或是不用心，或是机械呆板，长期这样，会影响他们的注意力、记忆力和想象力的发展。

3. 心理健康有利于培养良好的道德品质

心理健康在某些方面可以说是优良思想品德的基础，而在另一些方面则是优良品质的直接组成部分。心理健康的人必然具有健全的性格，会正确地对待自己和他人，具有严于律己、宽以待人、乐于助人、与人为善的品质，也一定热爱生活、热爱人民、热爱劳动、热爱科学、热爱周围的环境，并能充分利用环境不断提升自己的道德修养，促进自身的全面发展。

案例链接

山上有甲、乙两座和尚庙。甲庙的和尚经常吵架，互相敌视，生活痛苦；乙庙的和尚却一团和气，个个笑脸满面，生活欢快。

甲庙方丈便好奇地前来请教乙庙的小和尚："你们为什么能让庙里永远保持愉快的气氛呢？"

小和尚回答："由于我们经常做错事"。

甲庙方丈正感迷惑时，忽见一名和尚匆匆由外回来，走进大厅时不慎滑了一跤，正在拖地的和尚立即跑了过去，扶起他说："都是我的错，把地擦得太湿了！"

站在大门口的和尚，也随着进来懊恼地说："都是我的错，没告诉你大厅正在擦地。"

被扶起的和尚则愧疚自责地说："不！不！是我的错，都怪我自己太不小心了！"

前来请教的甲庙方丈看了这一幕，心领神会，也就知道答案了。

1. 你知道甲庙方丈的答案是什么吗？读这个故事对你有何启示？
2. 生活中，你有过为保护自己而推卸责任或与人争吵的经历吗？现在想来当时该如何应对呢？

4. 心理健康有利于促进良好的人际关系

心理健康的人，善于处理人际关系，人缘好，思想开阔，乐观进取。许多心理学家研究发现，凡是有心理问题的学生，他们在集体中都不善于处理各种关系，都可能成为集体的"弃儿"。他们更多地表现出冲动、急躁、孤僻、任性；时而表现出自卑、厌世，时而又表现出高傲、狂妄；缺乏活动的愿望和兴趣，不善交际，经不起挫折，狭隘、猜疑、胆小怕事。

职业院校的学生正处在人生发展的关键时期，要成为一个高素质的人，必须不断地提高自己的心理健康水平，促使自己健康、全面地发展。

第二节 培养健康心态

一、影响心理健康的因素

影响心理健康的因素很多，主要有以下四个方面：

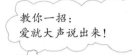
教你一招：
爱就大声说出来！

1. 生物学因素

生物学因素的影响主要有遗传因素、病菌或病毒感染，以及严重的躯体疾病或生理机能障碍等。有躯体疾病的患者，往往把注意力从外界转移到自身的体验和感觉上，整个精神状态和自己在人际关系中的位置都发生变化，甚至人格也发生改变。他们大多表现为情绪低落、抑郁、自卑、孤僻、性情急躁等，直接影响着心理的健康。

2. 家庭因素

孩子最初的教育是由家庭提供的，父母是孩子的第一任老师。孩子在怎样的环境中成长起来，接受什么样的教养，对他们的心理发展具有直接影响。许多研究家庭问题的心理学家发现，发生在人身上的种种问题，如焦虑、抑郁、愤怒、内疚等都能找到其家庭的原因。

1. 你觉得家里人都像朋友般亲切、彼此爱护、相互信任吗？
2. 你和家人能正常沟通吗？
3. 你对现在的家庭生活感到满意吗？

对于以上三个问题，如果你的答案都是肯定的，那么你所生活的家庭就是和谐的。如果你的答案中有一项是否定的，那么你的家庭就或多或少地存在一些问题。作为家庭的一员，你要学会通过自己的努力，促进家庭的和谐，以感恩、宽容、理解的心态去促进家庭健康氛围的形成。

3. 社会因素

（1）学校教育的影响　学校是通过各种活动，有目的、有计划地向学生施加影响，促进其成长的场所。学校作为社会的一部分，是学生长期生活学习的主要场所。如果学校的教育方针正确，方法得当，就可以源源不断地向社会输送身心健康的人才。

（2）其他社会因素的影响　社会文化背景、社会环境、社会经济地位、风俗习惯等因素都会对学生的心理健康产生影响。因此，良好的社会风气、健康的社会文化才是有利于学生健康成长的"营养品"。

4. 认知因素

认知是指人对客观事物进行的认识和反映。认知的过程就是对各种信息的获得、储存、转换、提取和使用的过程。认知的因素主要有感知、注意、记忆、想象、言语、情绪等。理性的认知方式是对周围事物的一种客观、合理、积极乐观的认识与评价，其特点是：重证据、看问题全面、不主观臆断等。相反，非理性的认知方式是对周围客观事物的一种不合理的、错误的认识与评价，也叫认知歪曲。一旦认知歪曲，就会使人产生紧张、烦躁和焦虑等不健康情绪，甚至产生心理偏差或心理障碍。

案例链接

在美国，有一对孪生兄弟，他们出生在一个贫穷的家庭，母亲是个酒鬼，父亲是个赌徒，家庭环境非常糟糕。后来这两兄弟走了不一样的道路。弟弟无恶不作，锒铛入狱。哥哥是一个很成功的企业家，而且还竞选上议员。

有记者去采访监狱里的弟弟："你今天为什么会这样？"弟弟说："因为我的家庭，因为我的父母。"记者又去采访哥哥："你为什么会有今天的成就呢？"哥哥同样回答说："因为我的家庭，因为我的父母。"

1. 同一家庭环境下孪生兄弟的命运为何如此不同？
2. 如何构建健康的认知模式？

二、培养健康心态的基本方法

1. 健康的生活方式

生活方式是指人们在日常生活中所遵循的行为规范，即习惯化的生活形式。健康的生活方式和良好的生活习惯包括：起居正常，保持充足的睡眠；一日三餐，均衡膳食，每天坚持吃早餐；控制体重，将其保持在正常的水平；适量运动等。健康的精神寓于健康的身体，能给心理健康提供良好的基础。

资料链接

美国加州大学公共健康系莱斯特·布莱斯诺博士与合作者研究出一套简明的、有助于健康的生活方式。具体内容如下：

①每天保持7~8小时睡眠。
②有规律地吃早餐。
③少吃多餐（每天可吃4~6餐）。
④不吸烟，不饮或饮少量低度酒。
⑤控制体重（不低于标准体重的10%，不高于标准体重的20%）。
⑥有规律地进行锻炼（运动量适合本人的身体情况）。

1. 我的生活方式健康吗？
2. 从此刻起我一定会养成健康的生活方式！

2. 了解自己，悦纳自己

要看到自己的优点和缺点，努力改进自己的缺点，发挥自己的优点，万万不可妄自菲薄，压抑自己的才华，浪费自己的天赋，也不可按照别人的模式来塑造自己。要相信自己是一个独特的人，是一个独一无二的人。因此，不必用别人的标准来要求自己。

资料链接

一只小羊和一只高大的骆驼相遇，恰好它们肚子都饿了。骆驼抬头吃起了树上的树叶，吃得很开心。小羊见了十分眼红，可是那树太高，它怎么跳都够不着。这时，小羊和骆驼同时发现了一个木栏中有许多又鲜又多的小草，骆驼十分为难，因为它的个子太高，无法钻进去吃草，而小羊笑着钻进木栏里吃了个饱，留下骆驼在木栏外干瞪眼。

1. 你从中受到了什么启示？
2. 生活中，该如何正确地看待自己，学会欣赏别人？

3. 合理安排生活，积极参加各种活动

职业学校的生活不同于中学生活，学生既要学习知识和技能，又要注重培养各种职业素养。因此，合理安排生活，积极参加各项活动，是保证心理健康的重要条件。

4. 热爱生活，使每天的生活都有一个经过努力就能实现的短期目标

有了目标，就会有活动的方向，就会调动自己的全部积极性，就不至于无所事事、分

心、散漫。目标实现时，就会获得成就感、满足感，就会增强进一步努力的信心。

5. 建立良好的人际关系

建立良好的人际关系可以消除孤独感和隔离感，有助于改变对事物的消极认知，克服或改善不良的心境；可以提高个人的自我价值感，同时可以得到别人的关心和帮助，而相互关心和帮助对于培养良好心态大有好处。当遇到困难时，和谐的人际关系可以增强我们的信心和力量，从而最大限度地减少心理危机发生的可能。

辛勤的蜜蜂永没有时间悲哀。
——[英]威廉·布莱克

6. 学做自己情绪的主人

情绪在我们的日常生活中扮演着不可或缺的角色，每个人每天都可能有不同的情绪状态。因此，合理调控情绪应成为我们的能力。我们应掌握情绪调控的相关知识和技巧，做自己情绪的主人，学会改善消极情绪、培养积极情绪，为适应社会环境打下良好的基础。

案例链接

喜剧演员诺曼·库辛思被确诊为癌症，医生说他活不了多久了，让他趁早准备后事。他想自己反正要死了，倒不如高高兴兴在笑声中死去。他找来许多搞笑影片、喜剧电视节目、幽默作品，一部一部地看。这些令人爆笑的影片和电视节目，让他在笑声中度过了3个月的快乐时光。之后，奇迹发生了，他去医生那里复诊，结果医生发现，他身体里的癌细胞正逐渐消失。这是什么原因呢？原来当诺曼开怀大笑时，他的身体里分泌出大量有益物质，这些物质能增强他的免疫力、修复组织器官。

 这个故事对你有何启示？

三、提高管理情绪的能力

1. 情绪的定义

情绪是指人们在内心活动过程中所产生的心理体验，或者说是人们在心理活动中对客观事物的态度体验。它的具体表现有：满足、高兴、愉快、兴奋、憧憬、期待、后悔、遗憾、气愤、沮丧、忧郁、嫉妒和罪恶感等。这些心理的体验可能很轻微，也可能非常强烈。面对纷繁复杂的世界，人的情绪反应是与生俱来的，也是正常的。

2. 管理情绪的方法

情绪分为正情绪和负情绪，情绪本身无好坏之分，但是要学会管理。过于强烈的情绪对健康的危害是很大的。古人云：喜伤心、怒伤肝、思伤脾、悲伤肺、恐伤肾。一个心理健康的人能用理性驾驭情感，去做自己情绪的主人而不做它的奴仆。要学会从以下八个方面去管理情绪，提高情绪调控的能力。

> 理智是人的最高天赋，是人本质上区别于低级动物的特征。
> ——［德］海克尔

（1）学会理智　所谓理智就是要求人们在遇到挫折时，理性地控制自己的情绪，切忌冲动。当忍不住要动怒时，要冷静理智地考虑这种情绪带来的不良后果；当强烈爆发负情绪时，能理智地加以控制，审查一切后再行动，尽可能减少负情绪带来的影响。具有辩证思维的人往往是比较理智的，很多表面看上去令人悲伤的事件，如果从另外一个角度或从发展的眼光看，常可以发现某些正面的、积极的意义。塞翁失马，焉知非福？坏事、好事是可以相互转化的。与人发生争执时，倘若能设身处地地站在对方的立场上想一想，也许就可以心平气和了。

1. 在生活中，你冲动过吗？怨恨过吗？失意过吗？内疚过吗？
2. 当时你有怎样的心理感受，后来你又是如何应对的，结果又如何呢？

（2）助人为乐　一个人如果只为自己活着，他的生命就会很狭隘，处处受限。以自我为中心的人也许会不断进步，可是却永远不会感到满足。关心别人、帮助别人不仅可以使自己忘却烦恼，而且还可以确定自己存在的价值，更可以获得珍贵的友谊而使自己的心情变得愉快。如果每个人都乐于帮助别人，那就能形成一个健康的社会心理氛围，这是提高情绪调控能力的良好基础。

（3）请人疏导　在现实生活中，有时只凭自己的能力是不能摆脱不良情绪的。这时，可以适度地向亲朋好友倾吐内心的烦恼，以便得到他们的理解、同情、开导和安抚。因为人的心理承受能力是有一定限度的，如果超过了这个承受限度，就容易引起机体的内部功能紊乱，就会"憋"出病来，所以有了苦恼就要找人诉说。把憋在心里的话尽情地说出来，会有一种如释重负的感觉。通过诉说，从别人那里得到的不仅仅是安慰，还有开导及解决问题的具体办法。有时，局外人的几句点拨，就可能帮助我们走出误区。

另外，也可以求助于专业的心理咨询师或心理治疗机构，通过专业人员有效地引导和疏导，使积郁的不良情绪得以健康地宣泄。

1. 你近来将烦恼的事情和自己的好朋友聊过了吗？
2. 你与你们学校的心理咨询师进行沟通了吗？

（4）合理宣泄　正确认知是解决情绪困扰的一种有效的策略，但对于有些已经陷入某种消极情绪体验中的人而言，可能一时难以调整好。此时，比较好的方法是找个合适的场合把内心的负情绪发泄出来，如向人倾诉、大哭一场、做运动、唱歌、大吼几声，都是有效的宣泄手段，有条件的可以到"宣泄室"宣泄。另外，把消极的体验记录下来，如通过写信、写日记、绘画等形式发泄自己的不满，也能取得比较理想的宣泄效果。一般来说，在负情绪下，个体容易变得思维狭窄、固执、偏激，缺乏对行为后果的预见性，而通过适度发泄，可以缓解心理压力，有利于恢复正常的认知、正常的情绪状态。

通过运动宣泄情绪

（5）学会转移　遇到烦恼苦闷之事，可以采取暂时回避的方式，把注意力从引起消极情绪的事情上转移开，让时间发挥它的调节作用。人在压力过大时，需要停下来，让时间去应对，可以尝试的方法有：看电影、看电视、听音乐、读书、散步、郊游、购物、运动或找一些自己喜欢的事情去做。需要提醒的是，不主张通过疯狂上网、暴食、酗酒等不健康的方式来进行调节。

通过运动转移情绪

案例链接

一群年轻人到处寻找快乐,却遇到了许多麻烦、忧愁和痛苦。他们向苏格拉底请教快乐到底在哪里。苏格拉底说:"你们还是先帮我造一条船吧!"

这帮年轻人暂时把寻找快乐的事儿放到一边,找来造船的工具,用了七七四十九天,锯倒了一棵又高又大的树,挖空树心,造出了一条独木船。独木船下水时,他们把苏格拉底请上船,一边合力荡桨,一边齐声唱起歌来。

苏格拉底问:"孩子们,你们快乐吗?"他们齐声回答:"快乐极了!"苏格拉底说:"快乐就是这样,它往往在你为着一个明确的目标忙得无暇顾及其他的时候突然来访。"

1. 这些年轻人是怎样找到快乐的?
2. 这个故事对你有何启示?

(6)放松训练 身体的放松也是解决情绪困扰的一种有效手段。通过放松练习,调节生理规律,有助于恢复情绪的平静。常用的放松手段有:深呼吸放松、冥想放松、肌肉紧张放松等。

(7)积极暗示 每天给自己发出积极的心理暗示。例如,我是最好的,我是最棒的,相信我自己,在挫折面前暗示自己"太棒了,竟然有这样的事情发生在我身上"。

教你一招:
心中有阳光的人,每天都是快乐的!

(8)替代升华 替代就是采用所谓"东方不亮西方亮"的补偿法;升华就是将不为社会所认可的动机或欲望导向比较崇高的方向,使其具有创造性。这是对情绪较高水平的宣泄,也是控制与调适某些不良情绪的最理想方法。遇到不公平的事,一味地生气、憋气或颓唐绝望,都无济于事,做出违法犯罪的报复行为更是下策。正确的态度应该是实现积极的能量转换,把不幸和痛苦升华为人生动力,做生活的强者,如变赌气为争气、化悲痛为力量等。

上述提高情绪调控能力的方法,哪些你已成功运用过?哪些运用得不算成功?哪些还从来没有用过?今后打算怎样做?

资料链接

健康情绪自我心理测试

序号	内容	选项
1	我有能力克服各种困难	A. 是的 B. 不一定 C. 不是
2	猛兽即使被关在铁笼里,我见了也会惴惴不安	A. 是的 B. 不一定 C. 不是

(续)

序号	内容	选项
3	如果我能到一个新环境，我要	A. 把生活安排得和从前不一样 B. 不确定　C. 和从前相仿
4	整个人生中，我一直觉得我能达到预期的目标	A. 是的　B. 不一定　C 不是
5	我在小学时敬佩的老师，到现在仍然令我敬佩	A. 是的　B. 不一定　C. 不是
6	不知为什么，有些人总是"回避我或冷淡我"	A. 是的　B. 不一定　C. 不是
7	我虽善意待人，却常常得不到好报	A. 是的　B. 不一定　C. 不是
8	在大街上，我常常避开我所不愿意打招呼的人	A. 极少如此　B. 偶尔如此 C. 有时如此
9	当我聚精会神地欣赏音乐时，如果有人在旁高谈阔论，我会感到恼怒	A. 我仍能专心听音乐　B. 介于A和C之间　C. 不能专心并感到恼怒
10	我不论到什么地方，都能清楚地辨别方向	A. 是的　B. 不一定　C. 不是
11	我热爱我所学的知识	A. 是的　B. 不一定　C. 不是
12	生动的梦境常常干扰我的睡眠	A. 经常如此　B. 偶尔如此 C. 从不如此
13	季节气候的变化一般不影响我的情绪	A. 是的　B. 介于A和C之间　C. 不是
计分方法	序号　1，4，5，8，9，10，11，13　得分　A.2　B.1　C.0	序号　2，3，6，7，12　得分　A.0　B.1　C.2
结论与忠告	★得分17~26分：情绪稳定。你的情绪稳定，性格成熟，能面对现实；通常能以沉着的态度应对现实中出现的各种问题；行动充满魅力，有勇气，有维护脱节的精神 ★得分13~16分：情绪基本稳定。你的情绪有变化，但不大，能沉着应对现实中出现的一般性问题。然而在大事面前，有时会急躁不安，不免受环境影响 ★得分0~12分：情绪激动。你情绪较易激动，容易产生烦恼；不容易应对生活中遇到的各种阻挠和挫折；容易受环境支配而心神动摇；不能面对现实，常常急躁不安，身心疲乏，甚至失眠等。要注意控制和调节自己的心境，使自己的情绪保持稳定	

第三节　真诚宽厚交友与正常异性交往

友谊是交往的重要产物，交往产生了友谊，友谊加深了交往。青年学生有着强烈的寻找友谊、渴望朋友的心理需求，这是人际关系中十分普遍而突出的一个特点。充分认识友谊的内涵和特征，努力寻求同学之间的真挚友谊，有助于自身的健康成长。

一、友谊的含义、特征及其重要作用

1. 友谊的含义

友谊就是建立在具有共同理想和志趣等基础上的个体之间的一种美好亲密的情感。它产生于社会生活与交往,不但是一种人际关系的体现,更是一种美好的社会性情感,是人类精神家园中的宝贵财富。

2. 友谊的特征

(1) 友谊是一种崇高的道德力量　诚挚的友谊是一种崇高的道德力量,规范着双方,使双方在交往中互相尊重、真诚相待。人们在友谊的这种道德力量中获得自尊的满足感和情感的归属感。

(2) 友谊是一种责任和义务　友谊是朋友之间无私的奉献,是彼此深切地关怀对方,视促进对方的进步和提高为己任;主动为对方分担痛苦和忧愁,帮助对方克服困难和挫折;自觉维护对方的人格尊严和名誉。友谊无须功利,真正的友谊是对朋友履行责任和义务而不计得失,不是"为朋友两肋插刀"的"哥们儿义气"。正如俄国作家别林斯基所言:"真正的朋友不把友谊挂在口上,他们并不是为了友谊而互相要求一些什么,而是彼此为对方做一切办得到的事情。"

马克思和恩格斯的伟大友谊

3. 友谊的重要作用

友谊对于人生具有十分重要的意义,没有友谊的人,就是孤立无援的人、可悲的人。在一定意义上说,人生在世,最不能缺失的人际关系就是友谊。职业院校学生的友谊不仅是生活的重要组成部分,还是促进学生完成学业、成就事业的重要因素。

(1) 友谊是学生主要的情感依托和人际关系之一　友谊对于学生来说,有着特别重要的价值。这是因为从人的发展来看,在青年时期学生的内心世界迅速形成,成人感增强,逐渐减弱了对父母、师长等成人的感情依赖,而把感情依赖的方向转向同龄人。再加上远离家乡、父母,因此,同龄人之间的友谊成为学生最为珍贵的感情之一。

(2) 友谊是学生认识自我、促进自我发展的重要途径　学生刚刚踏上人生道路,世界观、人生观尚未成熟,模仿性和可塑性都很强。在与朋友的交往中容易相互影响、相互模仿,并从朋友身上找到衡量自己的尺度,发现并学习对方的长处和优点,不断促进自我的完善与发展。

（3）友谊有利于学生社会化的加快发展　学生是国家未来的栋梁之材，肩负着神圣的历史使命，这就要求学生除了在老师的指导下，开发智力、完善品格外，还要在与同学、朋友的交往中，取长补短，做到学习上互相切磋、品德上互相激励、思想上互相启迪。

（4）友谊对学生的道德养成也有积极的作用　在与朋友的相处中，学生会切实地感受到道德品质的重要性，逐步养成诚实、守信、忍让、宽容等美德。友谊也是一种爱心的交往，是以爱心来换得爱心，是相互之间给予爱的奉献。这种在共同的学习、生活、工作的基础上产生的高级情感，丰富了学生的情感世界，使他们懂得了关心人、尊重人、理解人。

二、友谊的建立与发展

拥有真挚的友谊，是一项有益的精神享受，每个人都应注意遵循交友和处友之道，建立和发展友谊，并珍爱友谊。

1．"三观"择友

择友是建立友谊的基础，也是一门艺术，应该讲究原则。择友时应做到"三观"，即交友观其德，只有道德高尚的人才能拥有真挚的友谊；交友观其性，看交往对象是否有淳厚善良的性格和良好的个人修养；交友观其友，注意观察对方身边聚集的是什么样的朋友。

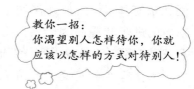

教你一招：
你渴望别人怎样待你，你就应该以怎样的方式对待别人！

2．诚信待人

与朋友相处应该真诚和讲信用，切忌遮遮掩掩、口是心非、欺骗、不遵守诺言。一旦许诺，就要设法实现，以免失信于人。由于一些难以抗拒的因素，致使自己难以履行诺言，应尽早向对方如实说明，郑重其事地向对方道歉，使对方了解你、信任你，从而获得安全感，放心地与你交往，才能在交往中培育和发展友谊。

资料链接

真情测试

日本社会关系学家谷子博士讲过这样一个故事：有一个富翁为了测试别人对他是否真诚，就假装生病住进医院。

后来，那位富翁说："很多人都来看我，但我看出其中许多人都是为了分得我的遗产而来的，特别是我的亲人。"

谷子博士问他："你的朋友来看你了吗？"

富翁说："经常和我往来的朋友都来了，但我知道他们不过是当作例行的应酬罢了。

还有几个平素和我不睦的人也来了，我想他们肯定是听到我病重的消息，幸灾乐祸来看热闹的。"

按照富翁的说法，他测验的结果就是：根本没有一个人对他有真正的感情。

于是谷子博士就告诉他："为什么我们苦于测验别人对自己是否真诚，而从来不测验一下自己对别人是否真诚呢？你对别人虚情假意，怎么能希望人家对你真心实意呢？"

 1. 怎样才能交到真正的朋友，使友谊之花更加鲜艳呢？
2. 那位富翁的测试给人什么启示？

3. 善良友爱

做一个善良的人，对人要友善。友善是爱心的外化，是一个人更好地融入社会集体的前提。同学之间讲友善，意味着关爱他人，不苛求于他人，不强加于他人，进而有助于他人。特别是当同学遇到困难的时候，更需要别的同学以友善之心，行友善之举，伸出援助之手，这样的同学情谊将令被关爱者刻骨铭心。所以，做一个友善的人也是获得同学友谊的一大法宝。

4. 宽容大度

在人际交往中，由于人的经历、文化、修养和气质类型等差异的存在，往往会产生误解和矛盾，这就要求我们为人处世要心胸开阔、宽以待人，要体谅他人，遇事多为别人着想。但宽容克制并不是软弱怯懦的表现，相反它是有修养、有度量的表现，是建立良好人际关系的润滑剂，能化干戈为玉帛，赢得真挚的友谊。

当然，宽厚并不意味着无条件地容忍与妥协，朋友之间也需要有善意的批评和争辩，正所谓"君子和而不同，小人同而不和"。

撕纸游戏

游戏规则：大家围成一个大圈坐着，主持人给每个人发一张白纸。游戏开始时，主持人会宣布让大家闭上眼睛，并按照指示对白纸进行对折，然后进行撕纸。最后睁开眼睛将被撕的纸张打开，互相对比一下看有什么样的不同。

游戏意义：让大家知道，每个人都有属于自己的想法，我们不能把自己的观点强加与人，人与人之间要少一点误会，多一分理解和体谅。

案例链接

记住的和忘却的

沙特阿拉伯著名作家阿里，有一次和吉伯、马沙两位朋友一起去旅行。三人行经一处山谷时，马沙失足滑倒，幸好吉伯拼命拉住他，才将他救起。马沙于是在附近的大石头上刻下："某年某月某日，吉伯救了马沙一命。"三人继续走了几天，来到一处河边，吉伯跟马沙为了一件小事吵起来，吉伯一气之下打了马沙一耳光，马沙就跑到沙滩上写下："某年某月某日，吉伯打了马沙一耳光。"

当他们旅游回来以后，阿里好奇地问马沙为什么要把吉伯救他的事刻在石头上，将吉伯打他的事写在沙滩上？马沙回答："我永远都感激吉伯救我。至于他打我的事，我会随着沙滩上字迹的消失，而忘得一干二净。"

记住别人对我们的恩惠，洗去我们对别人的怨恨，在人生的旅途中才能自由翱翔，获得天长地久的友谊。

5. 懂得欣赏

人性意识深处的需要有：需要你接受他；需要你认同他；需要你尊重他；需要你理解他；需要你欣赏他。赞赏是一切人际交往的黄金法则。朋友的赞赏能给人带去快乐，带去自信，促进关系和谐。因此，与人相处要淡化缺点，多看对方身上的优点和长处。

资料链接

20世纪50年代，美国著名的人本主义心理学家亚伯拉罕·马斯洛首次提出了人类的需要层次论，他把人的需要由低到高依次分为：生理需要、安全需要、社会需要、尊重需要和自我实现需要。他认为人的行为取决于其内在需要。

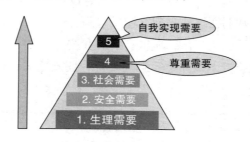

人类的需要层次

6. 学会示弱

朋友之间的示弱就是在朋友面前真实地暴露自己的缺点和不足，不要过分炫耀自己的优势，争强好胜，恃才傲物。适当示弱是人生的一种智慧。强者示弱，不但不会降低自己的身份，反而能赢得别人的尊重，表现了一个人对世事的洞察和宽广的胸怀。正所谓"海纳百川，有容乃大"。

（1）示弱≠没有原则　万物皆有度，不可不讲原则地一味示弱。面对人生中的磨难，不可示弱；面对邪恶，不可示弱；面对真理遭到践踏，不可示弱。

（2）示弱≠消极　清代大学士张英的家人与吴家毗邻而居，两家因地界问题发生争执。为此，张英给家人修书一封："一纸书来只为墙，让他三尺又何妨。长城万里今犹在，不见当年秦始皇。"其家人主动让出三尺，吴家甚感惭愧，也将院墙后退三尺，从而留下了"六尺巷"的美谈。

1. 叙述一个（件）你身边不是输在能力上，而是输在做人上的人（事）？
2. 你愿意和什么品行的人交朋友？

三、正确对待异性友谊

1. 发展正常的异性交往与友谊

异性交往是人际交往的重要组成部分，异性友谊是指男女之间的纯真友情。异性友谊对于学生来说是必要的。处于青春期的学生，性心理的发育成熟，性意识发展，加上社会环境的影响，产生了对异性的好奇心和好感，产生和异性交往的强烈愿望。在异性交往的基础上产生的异性友谊，有益于年轻男女的情感稳定与补偿，有益于行为调节和个性的全面发展，有助于学业的完成和事业的成功，也有助于通过有道德的社交活动真正自由地结识和选择爱情对象。

资料链接

奇妙的"异性效应"

在有两性共同参与的活动中，参与者在心理上会感到愉快，工作也干得起劲、出色，这就是心理上的"异性效应"，它的产生有其心理学和生理学的依据。医学专家认为，人体能分泌出一种具有芳香气味的"外激素"，当与异性共处时，"外激素"会通过空气传播并刺激异性，协调异性的循环、呼吸、内分泌等生理活动，进而对男女双方的工作、学习、生活和健康产生积极影响。心理学研究表明，青少年学生进入青春期后，随着生理的急剧变化，心理也发生了微妙而复杂的变化。这种变化表现为：一方面，男女同学之间会产生相互吸引的好感，他们常常不由自主地将注意力转移到异性身上，渴望在情感上能与异性进行交流，并希望从中发现自我，理解别人；另一方面，他们还希望得到异性的肯定，以增强自己的自信心。

这段文字对你处理日常男女同学的交往有何启示？

2. 异性交往的原则

（1）互相尊重　由于男女之间在气质、性格、身体、爱好等方面有着较大差异，只有彼此互相尊重和理解，友谊才能维持和发展。

（2）注意"男女有别" 既要反对"男女授受不亲"，又要注意"男女有别"。男女同学之间的交往毕竟与同性朋友相处是有区别的，一举一动都要大方得体，在单独相处时要注意选择好环境和场所，尽量不要到偏僻、昏暗处长谈。

（3）把握友谊与爱情的界限 由于性别差异这一特殊性，所以要理智地把握友谊与爱情的界限，切忌把友情当作爱情。要多参加男女同学共同参与的活动，端正交往动机，扩大与异性交往的范围。

> 异性友情的发展，就像双曲线，无限接近但永不触及。
> ——[法]卢梭

资料链接

等一等，等你的肩膀更厚实

不，不要说

让我们依然保持沉默

我多么珍惜

这天真羞涩

你也应该保持那青春的活泼

我们的肩膀都还稚嫩

扛不起太多的责任

等一等吧

等你的肩膀更厚实些

我也懂得了什么是成熟的思索……

1. 以上的内容你读懂了吗？
2. 你明白现在该干什么了吗？

3. 异性交往的方法

（1）要克服羞怯 在与异性交往的过程中言语、表情、行为举止、情感流露及所思所想要做到自然、舒畅，既不过分夸张，也不闪烁其词；既不盲目冲动，也不矫揉造作，以免使正常的异性交往误入歧途。

（2）真实坦诚 在交往过程中要做到坦荡无私、以诚相待，这是建立和发展良好关系的前提和基础。反对以"友谊"或"友情"为幌子招摇撞骗，心术不正地骗取异性的感情。

（3）留有余地 虽然结交的是知心朋友，但是所言所行要留有余地，不能毫无顾忌。例如，谈话中涉及两性之间的一些敏感话题时要尽量予以回避；交往中的身体接触要把握好分寸，不能过于轻浮，也不要过分拘谨；在与某一个异性的长期交往中，要注意把握好双方的关系程度，不要走得"太深"和"太近"，以免超越正常交往的界限。另外，男女交往还要在谈话中避免纠缠那些不良情绪、行为；在集体活动中避免过多单独相处；在交友范围上不做过多限制。

个人成长练习

1. 列出最近几个月来你最痛恨的人或事。想一想：是什么原因导致的？
2. 列出你平时调整情绪的几种方法。
3. 世界上有男女，才显得格外精彩，如果缺一，世界将黯然。男生、女生生活在校园里，每天在教室里一起学习，在运动场上齐展英姿……构成亮丽的青春风景线。下面请同学们将自己的闪光点展示给大家：

   我骄傲，我是女生，因为我_____。

   我自豪，我是男生，因为我_____。

4. 在与异性交往的过程中：

   你经常遇到的问题是什么？

   这些问题是由谁引起的？

   问题出现后，你是如何解决的？

5. "过去，我总是将自己封闭起来，有了喜悦或烦恼，既不愿意告诉爸爸、妈妈，也不愿意告诉老师、同学，只知道把它们装进日记里。后来，我发现，日记容量太小，装不进我的心灵世界；日记也过于封闭，照不进明亮的阳光。于是，我下决心打开心灵之门，主动地把自己的喜悦或烦恼告诉爸爸、妈妈、老师、同学和朋友。结果，我的喜悦越来越多，烦恼越来越少。"

   这些方法对你的启示：_____。

6. 你的交友观是：_____。
7. 列出你改正缺点的措施：_____。
8. 列出训练自己积极思维方式的行动设想：_____
   _____。

9. 如果你感觉到自己的情绪状态或者处事方式、思维方式出现了反常现象，建议到本校的心理咨询室或者当地正规的心理机构进行一次心理健康筛查，以便及时了解和调整自己的心理状态。

第六章 社交礼仪

学习目标

☆ 理解社交礼仪的含义和特点、社交素质的要求。
☆ 掌握社交礼仪的原则。
☆ 了解个人礼仪的基本要求。
☆ 掌握并运用常见的各种礼仪。

引导案例

这些话真的有道理吗？

社交礼仪训练

在日本有一句话："看你拿筷子，就知道你的出身。"
在欧洲有一句话："和你吃一次饭，就看得到你母亲的脸。"
在中国有一句话叫："你的形象价值百万！"

第一节 社交礼仪概述

一、社交礼仪的含义和特点

社交礼仪是指人们在一般性的、日常性的交际应酬中应遵循的礼仪。社交礼仪作为人际交往中约定俗成的尊重和友好的做法，具有其自身的特点。这里涉及的礼仪是指我们中国人约定俗成的、共同遵守的社会规范。

1. 普遍性

社交礼仪涉及面广，人与人只要进行社交活动就会用到。例如，与人交流时要用尊称，在交往过程中要求人坐有坐相、站有站相、笑中有序、闹中有品。

2. 技巧性

人际交往中应该怎么做、不应该怎么做，是有一定规范和原则的。

3. 继承性

我国素有"礼仪之邦"之称，现代礼仪是从我国古代的礼仪继承和发展起来的。

4. 时效性

社交礼仪存在空间差异，同时还有时间差异。因此，社交礼仪是因人、因时、因地而异的。

二、社交素质的要求

要想成为一名成功的社交人士，必须从各方面打造自我，提升自身素质。

1. 优雅的气质

气质是一个人内在素质的体现。优雅的气质是一个人良好的道德品质的表现，通过向善的知性、聪慧的思维、高雅的谈吐、谦和的态度、真诚的目光、热忱的情怀、洒脱的个性和得体的衣着等给人以美的感受，从而增加个人魅力，在社交中对别人有更大的吸引力。这是一名成功社交人士必备的个体因素。

2. 健康的性格

由于多种原因，人的性格各有差异。在待人接物时要做到大方得体、礼仪有加，就必须有健康的性格。健康的性格应具备开朗、耐心、宽容、沉着、勇敢、顽强和幽默等特征。

3. 广博的知识

在社交活动中，一般具有较高文化程度的人往往会受到欢迎。要建立起良好的人际关系，就应广泛涉猎文化知识，不断充实自己。古语云："腹有诗书气自华。"知识能使我们更懂礼貌、讲礼节，客观地去分析问题、思考问题，妥当周到地解决好问题。

4. 综合的能力

一名成功的社交人士应具备应变能力、自控能力、一定的表达能力和良好的心理素质，具备这些能力可以使自己在社交中不失态、不失礼，取得良好的人际交往效果。

 你具备了哪些社交素质？在哪些方面需要重点提升？

三、社交礼仪的原则

社交礼仪应该遵循的原则如下：

1. 平等适度

平等意味着在人际交往中处处时时平等、谦虚，做到一视同仁，不厚此薄彼，不区别待遇。适度就要注意技巧，合乎规范，做到把握分寸，认真得体，恰如其分。

> 尊重别人，才能让人尊敬。
> ——[法]笛卡尔

2. 真诚尊重

真诚就是在交际过程中待人以诚、言行一致、表里如一，这样才能向交往对象表达友好与尊敬，才能更好地被其理解和接受。切记古人训："骗人一次，终身无友。"尊重包括尊重他人和尊重自己。在人际交往中，与交往对象既要相互谦让、相互尊敬、友好相待、和睦共处，更要将对交往对象的重视、恭敬和友好放在第一位。

3. 自信自律

在人际交往中，只有做到自信才能不卑不亢、落落大方，遇强者不自惭，遇到磨难不气馁，遇到侮辱敢于挺身反击，遇到弱者会伸出援助之手。自律就是自我要求、自我约束、自我控制、自我反省、自我检点。古人云："己所不欲，勿施于人。"在交往活动中要慎独与克己。

4. 谦和宽容

在社交活动中谦和表现为谦虚和善，平易近人，热情大方，乐于听取别人的意见，有虚怀若谷的胸襟；宽容就是宽以待人，能容忍、体谅、理解他人，而不是求全责备、斤斤计较、过分苛求、咄咄逼人。谦和宽容的交际者会有很强的人格魅力。

四、社交礼仪的作用

进入信息时代后信息的重要性更加凸显，要获取这些信息就必须进行恰当的人际关系交往。因此，学习和运用社交礼仪具有重要的作用。

1. 提高自身修养和素质

在人际交往中，通过一个人对礼仪的运用程度可以知道他的教养高低、文明程度和道德水准。学习礼仪、运用礼仪有助于提高个人的交际技巧和应变能力，有助于彰显人的气质风度，增加人的阅历见识，提升人的道德情操，改善人的精神风貌，促进自身素质的提升。

2. 促进人们的社会交往，完善人们的人际关系

社交礼仪能使个人在人际交往中充满自信，也能规范交际活动，增进彼此的了解和信任，有助于取得交际成功，进而造就和谐、完美的人际关系，更有利于个人事业的发展。

案例链接

名片的失误

某公司新建的办公大楼需要添置价值数百万元的办公家具，公司总经理已决定向A公司购买。这天，A公司的销售部负责人打电话来，要上门拜访这位总经理。总经理打算等对方来了，就在订单上盖章，定下这笔生意。

不料对方比预定的时间提前了2h，原来对方听说这家公司的员工宿舍也要在近期内落成，希望员工宿舍需要的家具也能向A公司购买。为此，销售部负责人还带来了一大堆的资料，摆满了台面。总经理没料到对方会提前到访，刚好手边又有事，便请秘书让对方等一会。这位销售部负责人等了不到半小时，就开始不耐烦了，一边收拾资料一边说："我还是改天再来拜访吧。"

这时，总经理发现对方在收拾资料准备离开时，将自己刚才递上的名片不小心掉在了地上却没有发觉，走时还无意地从名片上踩了过去。这个不小心的失误，令总经理改变了初衷，A公司不仅没有机会与对方商谈员工宿舍的家具购买，而且几乎到手的数百万元办公家具的生意也告吹了。

A公司销售部负责人的这次名片失误是不可原谅的。因为名片在商业交际中是一个人的化身，是名片主人"自我的延伸"。弄丢了对方的名片已经是对他人的不尊重，更何况还踩上一脚，顿时让这位总经理产生反感。再加上没有按照预约的时间到访，不曾提前通知，又没有等待的耐心和诚意，丢失这笔生意也就不是偶然的了。因此，在社会交往中，要注意细节，使自己的言行符合礼仪规范。

3. 社交礼仪是公共关系实务活动的一部分，也是企业形象的一种宣传

人们往往从某一个职工、某一个小事情上衡量一个企业的可信度、服务质量和管理水平。如果每一个员工都能做到着装得体、举止文明、谈吐高雅，公司就会赢得社会的信任、理解和好评，从而创造出和谐、融洽、合作的最佳环境。

案例链接

日本著名实业家松下幸之助本来不修边幅。一次，他去理发室，理发师当场批评他不注重修饰自己的容貌："你是公司的代表，却如此不注意衣冠整洁，让别人怎么想？连老板都这样邋遢，你想他的公司还会好吗？"自此，松下幸之助便痛改前非，开始注意自己的衣着打扮和在公众面前的仪表仪态。今天，松下产品驰名天下，与其创始人松下幸之助的表率作用和严格要求员工懂礼貌、讲仪表是分不开的。

4. 净化社会风气，推进社会主义精神文明建设

荀子曰："人无礼则不立，事无礼则不成，国无礼则不宁。"遵守礼仪、应用礼仪也正符合我国建设社会主义精神文明的要求，在一定程度上能促进社会主义精神文明建设。

 学习礼仪对我们将来的工作有什么现实意义？

第二节　个人礼仪的基本要求

一、仪容美

仪容一般指人的外观、外貌，仪容美是指美好的或健康的外貌与气质。仪容美的基本要素是貌美、发美、肌肤美，主要要求整洁干净。修饰仪容时应从头发、面容、化妆、皮肤保养与护理方面着手。

得体的发型

1. 头发

头发要勤梳洗，应当3天左右洗一次发，油性发质最好天天清洗，且经常梳理。男士应当半个月左右理一次发，而女士最长不应超过一个月理一次发。头发要长短适中、发型得体。

2. 面容

修饰面容，首先要做好面部清洁。每天早上起床后、晚上睡觉前、外出之后都要洗脸。

眼睛、耳朵、鼻子、脖颈要保持清洁卫生，尤其是脖后、耳后不要藏污纳垢。

嘴巴的护理要做到牙齿洁白、口腔无味。要勤刷牙、漱口与洗牙，尤其是与别人交谈前不食用气味刺鼻的食物，如烟、酒、葱、蒜等。男士不蓄须。

3. 化妆

化妆可视为自尊的表现，更意味着对交往对象的重视。化妆要遵循美化、自然、得法、协调的原则。化妆时要注意适度矫正，修饰得法，避短藏拙，使人变得更加美丽。"装成有却无"是化妆的最高境界，体现了真实、自然。化妆要懂方法与技巧，如工作时化淡妆，社交时化浓妆。化妆要与本人的肤色、年龄、服装颜色、时间和场合相适应。

日常化妆的步骤为：一洁肤，二修眉，三润肤，四涂抹粉底与定妆，五画眉，六画眼影与眼线，七涂腮红，八画唇线与涂唇膏，九涂睫毛膏，十妆面检查。

化妆的禁忌为：当众化妆，妆面出现残妆，借用别人化妆品和评论他人的化妆。

4. 皮肤保养与护理

健美的皮肤是湿润的、有弹性的、光亮细腻而健康的。人的皮肤可分为中性、油性、干性和混合性肤质。不同肤质需要采用不同的保护方法，选用不同的化妆品。

皮肤保养的方法有：一要保持乐观的情绪，二要保证充足的睡眠，三要养成多喝水的习惯，四要注意合理饮食。除上述方法外还要用正确的方法洗脸、洗手、蒸面和进行面部按摩。

正确的洗手方法如下：

①一湿：在水龙头下把手淋湿，包含手腕、手掌和手指均要充分淋湿。

②二搓：双手擦肥皂或洗手液进行搓洗，包括手心、手背、手指、指尖、指甲及手腕，最少要洗 20s。

③三冲：用清水将双手彻底冲洗干净。

④四捧：因洗手前开水龙头时，手已污染了水龙头，所以需捧水将水龙头冲洗干净。

⑤五擦：用擦手纸或毛巾将双手擦干。

手心　　　　手背　　　　指缝　　　　指尖

正确的洗手方法

 你的洗手方法正确吗？请坚持用正确的方法洗手。

二、服饰美

俗话说:"人靠衣装马靠鞍。"在社交活动中,着装有一定原则,特定的场合、特定的身份、特定的要求,需要特定的着装。

1. 着装整洁

古语说:"衣贵洁,不贵华。"着装干净、整齐能给人衣冠楚楚、庄重大方之感,也能恰到好处地表达自尊和对他人的尊重。

2. 彰显个性

每个人都有自己的个性,就如同世界上没有完全相同的树叶。着装不仅要照顾自身的特点,还应创造并保持自己所独有的风格。

3. 整体和谐

服装各个部分的色彩、款式和质地要相互适应,展示着装的整体美、全局美。此外,还要遵守服装本身约定俗成的搭配,如西装配皮鞋。

4. 文明大方

文明着装符合社会的道德传统和常规做法,忌穿过露、过透、过短、过紧的服装。

5. TPO 原则

TPO 是英文单词 Time(时间)、Place(地点)、Object(目的)的缩写。着装应当兼顾时间、地点、目的,力求达到和谐般配。

T 代表时间,即着装的类别、式样和造型应以时间的早晚、季节、时代性而变化。例如,白天外出穿的衣服应合体且严谨,而晚上居家时应宽大、随意、舒适。

P 代表地点、场合,即着装要随地点、场合的不同而不同。社交场合属于正式场合,着装要正规、讲究,休闲场合则可着装随意、自便。

O 代表目的,即根据不同的目的进行着装。比如,着时装、旗袍去赴宴是为了展示自己独有的女性风采;着运动装与朋友一道登山踏青则是为了轻松与方便。

> 你的服装,表明你是哪一类人,它们代表你的个性。一个和你会面的人,会注意到你自觉或不自觉地着装来判断你的为人。
>
> ——[意]索菲亚·罗兰

资料链接

如何着西装及领带的打法

如今,西装已成为一种国际性服装。西装造型优美,做工考究。男士着西装显得潇洒而有风度,女士着西装凸显线条优雅柔和。

按套件分,西装有两件套、三件套和单件之分。按纽扣排列分,西装有单排扣和双排扣之别。

着西装时应当遵循三色原则和三一定律。三色原则就是穿着西装时全身颜色不得超过三种。三一定律为穿着西装时,与之配套的鞋子、公文包和腰带最好一色。

男士着西装时,领带非常吸引眼球,能起到"画龙点睛"的作用,同一套西装配不同的领带也能令人耳目一新。领带作为"西装灵魂"起到了装饰、美化和点缀的作用。

领带的打法及其特点如下:

①双交叉结很容易体现男士高雅的气质,适合正式活动场合选用。

双交叉结

②温莎结呈正三角形,饱满有力,适合搭配宽领衬衫。

温莎结

③四手结适合宽度较窄的领带,搭配窄领衬衫,风格休闲,适用于普通场合。

四手结

领带打好后,应置于合乎常规的既定位置,既可处于西装上衣与内穿衬衫之间,也可处于西装背心、羊毛衫与衬衫之间。常见的领带配饰有领带夹、领带针和领带棒,其作用是固定领带和装饰。

 与同桌一起练习以上领带的规范打法。

三、仪态美

仪态美是指人的仪表、举止、姿态所显现出的美。在人际交往中,仪态是一种无声语言,它向人们展示了一个人的道德品质、礼貌修养、人品学识、文化品位等素质和能力。

1. 表情

一般情况下,表情是指面部表情。在人际交往中,表情真实可信地反映着人的思想、情感,以及其他一切方面的心理活动与变化。理解并把握表情,会使我们在社交场合中做到表情友好、轻松、自然。

(1) 眼神 眼睛是心灵的窗户。在人际交往中,我们所得到信息的87%来自视觉。泰戈尔说:"一旦学会了眼睛的语言,表情的变化将是无穷无尽的。"眼睛的语言,就是借助于眼神所传递的信息,见表6–1。

表6–1 眼睛的语言

名称	部位	作用
公务注视	双目至额头	聚精会神、一心一意,重视对方,但时间不宜过长
社交注视	双目至唇部	使对方感到礼貌、舒适

(2) 笑容 笑令人愉快,悦人利己,是人际交往中的润滑剂。日常生活中,合乎礼仪的笑有含笑、微笑、轻笑、浅笑(抿嘴而笑)和大笑。其中微笑是最受欢迎的,被视为"参与社交的通行证"。

微笑

2. 举止

社交礼仪将举止视为是人类的一种无声语言。举止礼仪主要涉及手姿、站姿、坐姿、行姿与蹲姿。

(1) 手姿 手姿又叫手势,是指人的两只手臂所有的动作。基本手姿见表6–2。

表6–2 基本手姿

手姿	恰当的做法
垂放	双手自然下垂,掌心向内,叠放或相握于腹前;双手伸直下垂,掌心向内,分别贴放于大腿两侧
背手	双臂伸到身后,双手相握,同时昂首挺胸
鼓掌	右手心向下,有节奏地拍击掌心向上的左手
夸奖	伸出右手,翘起拇指,指尖向上,指腹面向被称道者
指示	右手或左手五指并拢、掌心向上,抬至一定高度,以其肘部为轴,朝一定方向伸出手臂

（2）站姿　站姿是指人在站立时所呈现出来的具体姿态。站姿是生活中以静为造型的动作。站的姿态不仅要挺拔，还应自然、轻松、优美。

常采用的站姿有丁字步站姿、正步站姿和分脚式站姿。站姿的基本要领如下：

1）丁字步站姿（一般不适用于男士）：双脚呈垂直方向接触，其中一脚跟靠在另一脚窝处，双目平视，下颌微收，面部平和自然。双肩放松，稍向下沉，身体有向上的感觉，呼吸自然。双手虎口相交叠放于脐下三指处，手指伸直，挺胸收腹，双臂自然下垂。

2）正步站姿：双腿并拢或双脚平行不超过肩宽，两手放在身体两侧，手的中指贴于裤缝。正步站姿是标准站立姿态，适合比较庄重严肃的场合。

3）分腿式站姿（适用于男士）：双脚平行不超过肩宽，以20cm为宜，右手握住左手手腕。分腿式站姿分为前腹式和后背式。

　　丁字步站姿　　　　　正步站姿　　　　前腹式站姿　　　后背式站姿

（3）坐姿　坐姿是指人在就座后身体保持的一种姿态。坐姿总的要求是舒适自然、大方端庄。

1）男士坐姿：在正规场合中，坐下后大约占座位的2/3即可，挺直上身，头部端正，目视前方或面对交谈对象，上身与大腿、大腿与小腿均应成直角，双腿平行或并拢，双手应掌心向下，放于大腿上或放在身前的桌面上。

坐姿禁忌：瘫坐在椅子上，跷二郎腿，频繁摇腿，双脚大分叉，脱鞋等。

2）女士坐姿：双脚交叉或并拢，双手轻放于膝盖上，嘴微闭，面带微笑，两眼凝视着说话对象。

（4）行姿　行姿是指人在行走的过程中所形成的姿态。行走时，步履要自然、轻盈、敏捷、稳健。规范的行姿如下：

1）起步行走时，身体应稍向前倾，身体的重心应落在反复交替移动的脚掌上。

2）行走时，一定要面朝前方，双眼平视，头部端正，胸部挺起，脚尖向前，使全身看上去形成一条直线。

3）双肩应当平稳，双臂应自然、一前一后、有节奏地摆动。摆动的幅度，应以30°左右为佳。

4）速度适中，富有节奏感，全身各部位相互协调、配合，呈现轻松、自然的状态。

（5）蹲姿　多出现于捡拾物品的场合。女士蹲姿，应以左手轻挡前胸避免走光，双腿和膝盖并在一起，右手稍捋裙摆，两膝一高一低蹲下，用侧面对着人多的地方，侧面捡拾物品，且轻蹲轻起，上身保持直立。

男士坐姿　　　女士坐姿　　　行姿　　　蹲姿

四、人际交往距离

美国人类学家爱德华·霍尔博士在《无声的语言》一书中，将日常生活中人与人之间的空间距离分为4类，即亲密距离、个人距离、社交距离和公共距离，见表6-3。

表6-3　人际交往距离

名称	距离	适用范围
亲密距离	0.15~0.45m	在异性之间，只限于恋人、夫妻；在同性别的人之间，往往只限于贴心朋友
个人距离	0.45~1.22m	任何朋友和熟人可自由地进入这个空间。这个距离既可以手拉手和亲密交谈，又不至于触犯对方的空间
社交距离	1.22~3.7m	社交距离的近范围为1.22~2m，适用于正式社交活动、外交会谈；社交距离的远范围为2~3.7m，适用于更严格、更正式的事务与社交活动
公众距离	3.7~7.6m	适合于演讲、做报告

第三节　常用的社交礼仪

一、日常交往礼仪

人际交往中，应遵守基本的行为规范，要学习交往礼仪，并且在实践中正确地加以运用。

1. 称呼

称呼是指人们在日常交往应酬之中，所用的彼此之间的称谓语。在人际交往中，选择正确、适当的称呼，反映着自身的教养、对对方尊敬的程度，甚至还体现着双方关系发展所达到的程度。在日常生活中，称呼应亲切、自然、准确。

（1）称呼亲属　常规的对亲属的称谓已约定俗成，人所共知。面对外人时，对本人的亲属要使用谦称，如家父、舍妹、小女等；对他人的亲属要使用敬称，如尊母、贤妹、令尊、令爱等。

（2）称呼朋友与熟人　对朋友与熟人可用人称代词"你"或"您"相称。对年长、有身份的可用其姓氏后跟"先生""公""老""老师"相称，如李先生、任公、周老、张老师。对平辈和晚辈的朋友与熟人，彼此可以姓名相称，关系密切的也可直呼其名，还可以在被称呼者的姓氏前加上"老""大""小"字相称。对邻居、至交，有时可采用类似血缘关系的称呼，如奶奶、叔叔、阿姨，也可在称呼前加上姓氏，如马大姐、李伯伯。

（3）称呼普通人　对关系普通的交往对象，可以"先生""女士""夫人"相称，也可称其职务、职称。

（4）职场称呼　对集团领导称谓：姓氏+总（副总），如王总。对单位领导称谓：姓氏+经理，如王经理。商务场合称谓：一般称"先生/女士/小姐"或"姓氏+职务/职称/老师"。车间场合称谓："姓氏+师傅"。在职场均不能以叔伯姑姨、兄弟姐妹相称。

2. 介绍

介绍是指经过自己主动沟通或者通过第三者从中沟通，从而使交往双方相互认识、建立联系的一种社交方法。

根据介绍者不同，介绍可分为自我介绍、他人介绍、集体介绍3种基本类型。

（1）自我介绍　自我介绍是向别人展示自己的一个重要手段，直接关系到你给别人的第一印象的好坏及以后交往的顺利与否。

1）自我介绍要先向对方点头致意。

2）介绍的时间以0.5min为宜，最长不要超过1min。

3）进行介绍时，态度要自然、语速适中、语音清晰，所提供的个人信息要实事求是、真实可信。

（2）他人介绍　他人介绍是指由第三者为彼此不相识的双方引见、介绍。他人的介绍是双向的，因此被介绍的双方各自均应做介绍。他人介绍时应注意以下问题：

1）介绍的顺序：应遵守"尊者先知情"的原则。当前国际公认的他人介绍顺序为：先介绍年幼者而后年长者，先介绍晚辈而后长辈，先介绍男士而后女士，先介绍家人而后同事朋友，先介绍主人而后来宾，先介绍后来者而后先到者，先介绍下级而后上级。

2）介绍的内容：在做介绍之前，应先征求一下双方的意见。为他人做介绍，要准确介绍双方的姓名、身份、职位等一些基本信息。必要时,应说出自己与被介绍人的关系,以便让新朋友之间相互了解和信任。

3) 介绍的手势:为他人做介绍时,介绍哪一方就要将手心向上指向哪一方。介绍时,应面带微笑,以示尊重。被介绍的人应面带微笑,认真倾听,介绍完毕后与对方握手问候。例如:您好!很高兴认识您!

他人介绍

(3) 集体介绍　集体介绍是指介绍者在为他人介绍时,被介绍者其中一方或双方不止一人,还可能是多人。需要注意的是,若被介绍者双方的身份、地位大致相似或难以确定时,应遵循"少数服从多数"的原则,即先介绍人数较少的一方而后介绍人数较多的一方。

3. 握手

握手礼简称握手,在我国人们日常生活中经常采用,在世界各国也较为通行。学习握手礼,应掌握有关的伸手顺序、握手方式、手位和握手禁忌等。

(1) 伸手顺序　在比较正式的场合,握手双方应当谁先伸手就要遵守"尊者决定"的原则。具体内容如下:

1) 长辈与晚辈握手,应由长辈先伸手。
2) 女士与男士握手,应由女士先伸手。
3) 社交场合的先到者与后来者握手,应由先到者先伸手。
4) 上级与下级握手,应由上级先伸手。

值得注意的是,若一个人需要与多人握手,握手时应由尊至卑地依次进行,或按队列依次进行。

(2) 握手方式　标准握手方式是行礼时行至距握手对象约1m处,双脚立正,上身稍向前倾,伸出右手,四指并拢,拇指张开与对方相握。握手时,应用力适中,全部时间最好控制在3s内,上下稍许晃动三四次,随后松开,恢复原状。

(3) 手位　握手时,根据手的具体位置来表达不同的寓意。

1）表示自己不卑不亢的平等式握手：单手与人相握，手掌垂直于地面。

2）表示自己谦恭、谨慎的顺从式握手：单手与人相握，掌心向上。

3）表示自我感觉良好的控制式握手：单手与人相握，掌心向下。

4）表示自己深情厚谊的手套式握手：右手握住对方右手后，再用左手握住对方右手的手背，适用于亲朋故交。

女士握手方式　　　　　　男士握手方式

（4）握手禁忌

1）不可拒绝与人握手，任何情况下都不允许。

2）不可戴手套或墨镜与人握手。

3）不可另一只手插在衣袋里与人握手。

4）不可面无表情地与人握手。

5）不可长时间握住对方的手不放。

6）如果手脏、手凉或者手上有水、汗时，不宜与人握手，并主动向对方说明不握手的原因。

 前后左右的同学体验一下握手的正确要领。

4. 递名片

名片是一种经过设计，表明身份，便于交往和开展工作的纸片。在人际交往中，正确地使用名片能结交新朋友，保持朋友间的联系，有利于自身形象的提高。下面重点介绍一下名片递接方面的知识。

（1）名片的准备　名片应该放在最容易拿出的地方，男士可放在西装内口袋或公文包里，女士可放在手提包里。

（2）名片的递送　递送名片时应注意的问题如下：

1）把握适宜时机：一般选在初识之际或分别之时递送。

2）提前适当暗示：递上名片前，应当先向接受名片者打个招呼，令对方有所准备。既可先做一下自我介绍，也可以说声"对不起，请稍候""可否交换一下名片"之类的提示语。

3）讲究恰当顺序：客先主后；身份低者先，身份高者后；当与多人交换名片时，应依照职位高低的顺序或由近及远的顺序依次进行，切勿跳跃式地进行，以免被对方误认为厚此薄彼。

4）递送有礼有意：递送名片时，上身前倾15°左右，以双手或右手持握名片，举至胸前，用拇指和食指执名片两角，让文字正面朝向对方，递交时要目光注视对方，微笑致意，表情亲切谦恭，态度从容自然。同时，说些友好礼貌的话语，如"这是我的名片，请多关照，欢迎多联系"等。

递送名片

（3）名片的接收　接收名片时应做到以下几点：

1）态度谦和：接收名片时应起身站立相迎，面含微笑，用双手捧接或用右手接过名片。

2）快速阅读：接过名片后，应先向对方致谢，然后用30s左右的时间，认真阅读名片上下、正反面的内容。

3）精心存放：接过名片且看完后应郑重地放在办公桌、公文包、名片夹、衬衣左侧口袋、西装内侧口袋或包内，并表示谢意。应特别注意，无论是自己备用的名片还是接收的名片，都不可放在裤兜内，尤其是后裤兜。

4）有来有往：接收了他人的名片后，一般应当即刻回赠给对方一枚自己的名片。没有名片、名片用完了或者忘了带名片时，应向对方做出合理解释并致以歉意。

5）尊者为先：如果差不多同时相递，自己应从对方的稍下方递过去，同时以左手接过。

二、交通礼仪

随着生活节奏的加快，人们出行的次数、距离较之以前大大地增加。出行时，除自己驾车外，大多数情况是乘坐汽车、火车、轮船、飞机等。这样有节省体力、方便舒适、快速省时等优势。无论搭乘何种交通工具，人们都需要遵守乘客的具体行为规范，做到有风度、以礼待人。

1. 乘坐汽车

（1）乘坐轿车

1）座次：在较为正式的场合，乘坐轿车时一定要分清座次的尊卑，并坐在适合自己的座位上。轿车座次的尊卑，从礼仪上讲，主要取决于以下几个因素。

轿车的驾驶人一般是两种人：一是主人，即轿车的拥有者；二是专职驾驶员。国内目前所见的轿车多为双排五人座与三排七人座（中排为折叠座），以下分别介绍驾驶者不同时车上座次尊卑的差异。由主人亲自驾驶轿车时，一般前排座为上，后排座为下；以右为尊，以左为卑。由专职司机驾驶轿车时，通常仍讲究右尊左卑，但座次变化为后排为上，前排为下。

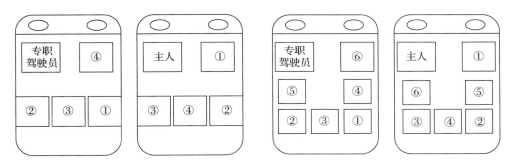

双排五人座轿车的座次排列（驾驶座居左）　　三排七人座轿车的座次排列（驾驶座居左）

客观上讲，轿车的座位，后排座比前排座要安全得多。最不安全的座位为前排右座。最安全的座位为后排左座（驾驶座之后），或是后排中座。当主人亲自开车时，之所以以副驾驶座为上座，一是为了表示对主人的尊重，二是为了显示与之同舟共济。

2）上下车的顺序：上下轿车的先后顺序是有礼可循的，基本要求是倘若条件允许，必须请尊长、女士、来宾先上车，后下车。

3）乘坐轿车的举止：上下轿车时，要井然有序，在车内要讲究卫生。不要与驾车人员长谈，不能让其使用电话或看书刊，以防其走神出事故。

（2）乘坐公共汽车　乘坐公共汽车时，应当自觉遵守以下各项规则：排队候车，先下后上，让妇女、老人和孩子先上车；上车后立即购票或刷卡；主动给老人、病人、残疾人、孕妇和带小孩的乘客让座；在车内要举止文明。

2. 乘坐飞机

（1）严格要求自我　上飞机后，应在属于自己的座位上就座，并注意维护环境卫生。

（2）尊重乘务人员　上下飞机，当乘务人员主动打招呼、问候时，应予以友善的回应。登机后，每逢乘务人员送来食品、饮料、报刊，或引导方向、帮助搬运行李时，应主动道谢。飞机飞行期间，应无条件地服从和配合乘务人员的正确管理。

（3）善待其他乘客　在飞机上应与其他乘客和睦相处，友好相待。不要大声喧哗，与周围的人交谈时间不宜过长，更不要谈论劫机、撞机、坠机等事情，以免引起恐慌。

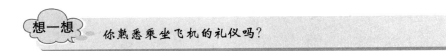

三、中餐礼仪

中餐礼仪是中华饮食文化的重要组成部分。学习中餐礼仪需注意掌握用餐方式、时间和地点的选择、菜谱的安排、席位的排列、餐具的使用、用餐举止和转台上取菜时的礼节共7个方面的规则和技巧。

1. 用餐方式

根据中餐的用餐规模可以把用餐方式分为宴会、家宴和便餐。

（1）宴会 宴会实际上是以用餐为形式的社交聚会，一般分为正式宴会和非正式宴会。正式宴会往往是为宴请专人而精心安排的，在比较高档的饭店或是其他特定的地点举行，讲究排场、气氛的大型聚餐活动，对到场人数、穿着打扮、席位排列、菜肴数目、音乐演奏、宾主致辞等往往都有十分严谨的要求和讲究。

（2）家宴 家宴也就是在家里举行的宴会。相对于正式宴会而言，家宴最重要的是要制造亲切、友好、自然的气氛，使赴宴的宾主双方能彼此增进交流、加深了解、促进信任。

（3）便餐 便餐是指在日常生活中所吃的家常便饭。用餐地点可以在家里、单位、餐馆等。就餐时用餐人员要讲究公德，注意卫生、环境和秩序即可。

2. 时间和地点的选择

（1）时间的选择 在决定社交聚餐的具体时间时，主人不仅要从自己的客观能力出发，更要讲究主随客便，要优先考虑被邀请者，特别是主宾的实际情况，以其方便的时间而定。同时，正式宴会的用餐时间应控制在 1.5~2h，非正式宴会与家宴在 1h 左右，便餐约 30min。

（2）地点的选择 地点选择的要求是卫生条件良好，环境清静、优雅，交通便利。

3. 菜谱的安排

点菜时，宴请者要量力而行，被邀请者应善解人意、体谅对方，更不能大"宰"宴请者。菜肴要丰俭得当，有冷有热，荤素搭配，主次分明，既突出主菜以显示菜肴的档次，又配有一般菜以调剂来宾的口味，如特色小炒、传统地方风味菜等，以显示菜肴的丰富。安排菜谱时，必须兼顾来宾的饮食禁忌。

4. 席位的排列

在中餐礼仪中，席位的排列关系到来宾的身份与主人所给予对方的礼遇，要予以重视。

（1）桌次的排列 如果有两桌或两桌以上安排宴请时，排列桌次应以"面门为上，以近为大，居中为尊，以右为尊"为原则，其他桌次按照离主桌"近为主、远为次，右为主、左为次"的原则安排。

（2）位次的排列 宴请时，每张餐桌上的具体位次也有主次尊卑的分别，并且每张餐桌上所安排的用餐人数应限在 10 人以内，最好是双数。

1）宴会时，桌上位次的尊卑，根据离主人的远近而定，以近为上，以远为下。

2）便餐时，桌上位次的尊卑，应遵循右高左低、居中为尊、面门为上的原则。

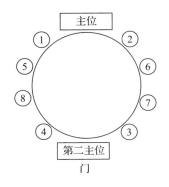
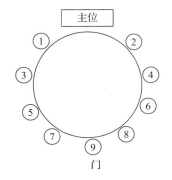

每桌 2 个主位的位次排列方法　　　每桌 1 个主位的位次排列方法

5. 餐具的使用

（1）筷子　筷子是中餐中最主要的餐具，其主要功能是夹取食物。使用筷子时需注意以下事项：

1）忌敲筷：等待就餐时，坐在餐桌边，不能一手拿一根筷子随意敲打，或用筷子敲打碗盏或茶杯。

2）忌掷筷：在餐前发放筷子时，要把筷子一双双理顺，然后轻轻地放在每个人的餐桌前。距离较远时，可以请人递过去，不能随手掷在桌上。

中餐用具

3）忌叉筷：筷子不能一横一竖交叉摆放。筷子要摆放在碗的旁边，不能搁在碗上。

4）忌插筷：在用餐中途因故需暂时离开时，要把筷子轻轻搁在桌子上或餐碟边，不能插在饭碗里。

5）忌挥筷：在夹菜时，不能把筷子在菜盘里挥来挥去，上下乱翻，遇到别人也来夹菜时，要有意避让，谨防"筷子打架"。

6）忌舞筷：在说话时，不要把筷子当作道具，在餐桌上乱舞；也不要在请别人用菜时，把筷子戳到别人面前，这样做是失礼的。

（2）勺子　勺子是用来舀取菜肴和食物的餐具。用筷子取食时，也可以用勺子来辅助。用勺子取食物后，要立即食用或放在自己碟子里，不要再把它倒回原处。暂时不用勺子时，应放在自己的碟子上。

（3）盘子　盘子尤其是食碟，是用来暂放从公用的菜盘里取来享用的菜肴的。不吃的残渣、骨、刺等应轻轻放在食碟前端。如果食碟放满了，可以让服务员更换。

（4）杯子　杯子主要用来盛放清水、酒、饮料。女士喝茶时用双手，右手拿杯，左手扶着杯底。需要注意的是，玻璃杯是装冷水或饮料的，瓷杯是装热茶、热水的。

若是吃中餐，用高脚杯喝葡萄酒，敬酒喝酒时只用单手举杯。若用小酒杯喝白酒，给长辈敬酒时，应右手拿杯，左手扶着杯底。

6. 用餐举止

（1）用餐前　需注意：一要适度进行修饰，使自己显得整洁、优雅、个性化；二要准时到场；三是找到适合自己的桌次、座次就位，或听从主人的安排；四是进行适度的交际。

（2）用餐时　用餐时做到以下几点：坐姿正确，吃相优雅，手脚放置合乎礼仪。主人和其他来宾致祝酒词时要认真且专心致志地聆听。

7. 转台上取菜时的礼节

转台上取菜时的礼节如下：

1）菜被端到桌上后，开盘由主宾开始。
2）每人夹取菜后，要将台上的菜转到邻座的人正前面。
3）无人夹菜时方可转转台，有人转转台时不要拦截夹菜。
4）距离远的菜用转台转来，不可伸手取菜。
5）取公盘上的菜时，要用公用筷、勺从边缘开始取。

 在正式场合用餐时，你能遵守用餐礼仪吗？

四、西餐礼仪

1. 西餐大餐

西餐大餐讲究每一道菜都要用专门的刀叉。刀叉一般由侍者放好，只需依次分别从盘子两边由外侧向内侧取用即可。正规西餐最后要吃一道甜点，吃甜点的刀叉一般被放置在用餐者面前餐盘的正前方，应该在最后使用。

西餐用具

2. 普通西餐

（1）英国式　始终右手持刀，左手持叉，一边切割，一边叉而食之。这种方式比较文雅。

（2）美国式　先右刀左叉，把餐盘里要吃的东西全部切割好，然后把右手里的刀斜放在餐盘前方，将叉换到右手叉取食物吃。

不论采用以上哪种方式，都应注意以下几点：切割食物时不要弄出声；将食物切成一口大小，小口就餐（不能一口一口咬着吃）；吃食物时用叉，不能用刀扎着吃（刀只用来切割）。

刀叉的暗示：如果未吃完，只是暂时放下或与人攀谈，应左叉右刀呈"八"字形摆放在餐盘上，而且是刀口向内、叉齿向下，表示尚未用毕；如果不想再吃，则可以左叉右刀并排纵放在餐盘上，而且是刀口向内，叉齿向上，表示可以连盘子整个收走。

3. 咖啡

喝咖啡的汤匙只用来加糖和搅拌，搅匀后，应把汤匙放在碟子外边，不能把其留在杯内用来喝咖啡；咖啡太热时，不能用嘴吹。

五、电话与网络礼仪

1. 电话礼仪

电话是公认的便利通信工具。运用电话，不仅能及时、准确地传递信息，还能以此与交往对象沟通感情、维持联系。一般通过电话，人们就能粗略地判断对方的人品、性格。因而，掌握正确的打电话方法是非常必要的。下面介绍一些电话礼仪常识。

(1) 拨打电话 准备拨打电话时要考虑本次电话是否该打、如何打。

1) 选择适当的通话时间：一是双方预先约定的时间；二是对方方便的时间，打电话到对方家里，拨打电话的最佳时间段是早上7点后、晚上10点前，三餐、午休、节假日等时间尽量不要给别人打电话。此外，每次通话时间一般不得超过3min。

2) 准备好通话内容：列"清单"，把对方的姓名、电话号码、通话要点列到纸上。通话时内容要简明扼要、干净利落，问候完就可直奔主题。

3) 通话要讲文明礼貌、尊重通话对象：通话时，问候语、介绍语、道别语必须说。通话时声音应清晰柔和、大小适中，语速快慢适中，语气亲切、自然，话筒应与口部保持3cm左右的距离。终止通话时，应轻轻地放好话筒。

4) 两种需要注意的情况：一是通话时电话忽然中断，应立即再拨打一次，再次打通后要稍作解释；二是若拨错号码，应向接听者道歉。

(2) 接听电话

1) 接听电话时，电话铃声响三次左右拿起话筒接听。

2) 接听电话时，应左手持听筒，右手拿笔，便于记录重要的问题。

3) 拿起话筒后，应先问候对方并主动自报家门。

4) 接听电话时要聚精会神，记清楚对方的身份和来电目的。同时，注意声音与举止。

5) 别人拨错电话，要善待对方，可进行善意的提醒。

(3) 使用移动电话

1) 使用手机是为了方便个人联络和信息交流畅通，而不是用来炫耀的。

2) 使用手机时要遵守公共秩序，如手机音量不宜过大，不能用手机偷拍，在公共场所接听手机不能大声喧哗，以免影响他人。

3) 使用手机也要遵守"安全至上"的原则，如驾驶汽车时不接打手机；乘机时不启用手机；不在油库、病房等禁止使用的地方使用手机。

六、面试礼仪

有位著名的公关专家说:"求职的准备工作,应该从你们一只脚跨进大学校门的那一刻就开始了。然后,这个准备工作一直持续到你们毕业,找到一份满意的工作为止。"我们历经 3 年、4 年或更长时间的体质、知识、能力、思想、心理等较为充分的准备工作,就是为了找到一份满意的工作。而面试是决定性的一关,因此要学习、应用有关的面试技巧和礼仪。

1. 守时

提前 10~20min 到达面试地点,以便观察环境与气氛,调整好情绪,以最佳的精神面貌静待面试的开始。面试时千万不要迟到。

2. 仪表

面试时,面试者对自己要进行一番认真的修饰。首先要干净、齐整。男士要理发、剃须,女士要整理好头发。着装要凸显整体性,即款式、面料、色彩都要得体、适宜,尤其是鞋子、袜子要与衣服相配且保持干净。女士可以适当地化淡妆。

> 美观是最好的自荐。
> ——[古希腊]亚里士多德

面试礼仪

3. 举止

除了外表,面试者要注意自己的举止。举止要自然、大方,给面试官或用人单位留下充满自信的良好印象。举止还要文明,站有站相、坐有坐相,轮到自己进行面试时,开门、关门、走动、就座都不要弄出声响,且要始终面对面试官。当然,求职者如能使自己的举止动作优雅动人、赏心悦目就更完美了。

4. 谈吐

面试过程中,无论进行自我介绍,还是答复问题,谈吐要表现得文明礼貌。自我介绍与答复问题都要简明扼要、完整、准确、连贯，语音、语速适中，语气不卑不亢。值得注意的是，自我介绍不是把履历表和自荐信上的内容复述一遍。如面试时说："我的情况和意向在履历表上都概括了，各位领导都已了解。在这里，我只强调我与其他同学的两点不同之处……"这样就达到了"鹤立鸡群"的效果。回答完问题要说"谢谢"，面试完要说"再见"。

此外，面试后的2~3天内，可以给主考官打电话或写封感谢信，这样既能表现你的礼貌，又可让对方加深对你的印象。无论是打电话还是写信，都得是给某个具体的负责人，并要知道负责人的姓名、职位等。面试结束后的两星期左右，如果还没有得到任何回音，就给负责招聘的人打个电话，询问一下面试结果。打电话时应遵循电话礼仪。

总之，要想找到满意的工作，一要注重良好的第一印象，即心理学上称为良性的"首因效应"；二要注重面试时的各个细节，细节决定成败。

资料链接

最损害形象的礼仪禁忌

1. 餐饮四忌

①忌对桌打嗝、打喷嚏、咳嗽，应该用手绢或纸巾遮掩且转身向无人处完成，开会或集体相处时同样按此要求。

②忌当众剔牙，特别是毫无遮掩地剔牙、用手指掏牙，最好私下为之，确需进行时要用手绢或纸巾遮掩。

③忌发出声响，特别是喝汤或吃面条时。

④忌用自己的筷子调菜、翻菜或为别人夹菜。

2. 服装六忌

①忌衣服静电贴身。

②忌休闲服。

③忌非职业服装，如低腰裤、短裤、超短裙、长裙、无袖衫、吊带衫、老头衫、露脐装等。

④忌穿便鞋，如运动鞋、拖鞋、布鞋等。

⑤忌服装有异味，衣服应勤换、勤洗。

⑥忌红白事标识。

3. 个人卫生六忌

①忌身体有汗味，应勤洗澡。

②忌头发夹杂头油和皮屑。

③忌口腔有异味。

④忌长指甲、脏指甲、有色指甲。

⑤忌浓妆艳抹、戴有色眼镜。

⑥忌披肩发或头发杂乱。

4. 行为十忌

①忌随口吐痰、乱扔垃圾。

②忌当众掏耳、挖鼻、剔牙、剪指甲。

③忌当众毫无遮掩地打喷嚏、打哈欠、咳嗽，应用手绢或纸巾遮掩且转身向无人处进行。

④忌当众调整腰带。

⑤忌当众化妆。

⑥忌当众吃东西或嚼口香糖。

⑦忌说话时用食指指人。

⑧忌站立时掐腰、抱臂、手插衣兜、双脚交叉。

⑨忌坐立时瘫坐、后仰、抱臂、腿叉开、腿前后伸、露背。

⑩忌行走时成排、手拉手、搂腰搭背、手插衣兜。

个人成长练习

对照本章的内容，进行自我社交能力检查和培养。

1. 列举：在社交礼仪方面哪些我已经做到了？
2. 列举：在社交礼仪方面哪些我以前不知道？那些做得不好？
3. 具体改进措施：_____
_____。
4. 在日常生活中坚持培养和运用各种礼仪。

第七章 网络文明与安全

学习目标

☆ 了解文明上网基本要求。
☆ 理解网络文明的内涵和对人类文明的影响。
☆ 理解网络文明的原则,并在日常学习、工作和生活中加以运用。
☆ 理解网络安全的概念和影响网络安全的因素。
☆ 掌握网络安全防范技能,学会文明上网,践行网络文明。

引导案例

2019 年《中国互联网络发展状况统计报告》显示,截至 2018 年 12 月,我国网民规模达 8.29 亿,普及率达 59.6%,较 2017 年年底提升 3.8 个百分点,全年新增网民 5653 万。我国手机网民规模达 8.17 亿,网民通过手机接入互联网的比例高达 98.6%。

现在人们的工作和生活与网络的联系越来越紧密。迅猛发展的互联网带给人们高效、便利和千载难逢的发展机遇。例如,电商加速发展、手机支付方便快捷、网络娱乐规范发展和短视频大量使用。网络快速发展的同时也带来诸多严峻的问题与挑战。例如,安全隐私问题、知识产权问题、网络诈骗和网络沉溺问题。人们只有规范文明用网,遵守网络安全法,才能充分发挥网络对人类文明的积极作用。

第一节 网络文明

一、网络文明概述

网络文明是随着互联网发展产生的一种新文明形式,是人类文明的重要组成部分和重要标志,它有以下 3 个内涵:

1. 网络技术飞速发展推动了网络文明发展

网络技术正在影响并改变着人们的交往、学习和生活方式。

2. 网络文明展现了人类网络社会生活的进步状态

网络文明使积极健康的生活方式、高尚的思想品德修养、崇尚伦理和法制的理性精神在人们使用网络过程中得到充分显现。

3. 网络文明是一种先进的网络文化

倡导网络文明在于创建一个健康、有序、安全、具有活力和没有污染的"绿色"网络环境，防止和制止网络发展过程中一些不文明的东西。

 你认为哪些属于网络文明行为？哪些属于网络不文明行为？

二、网络文明对人类文明的影响

随着网络的飞速发展，网络空间成为继陆地、海洋、天空、外太空之后的第五空间。虚拟网络空间正在改变人们的交往方式和生活方式。例如，人们的所行所思、消费习惯、行程安排和关系网络都会在大数据里体现。网络文明对人们的交往方式、生活方式、学习方式和工作方式等都产生了巨大影响。

1. 网络文明对交往方式的影响

网络空间的虚拟性决定它不受时间与空间的限制，而且也冲破了现实世界条条框框的束缚，可以自由地冲浪，用一系列虚拟行为挑战一切。交往方式也由传统文明的"人－人"交往转变为"人－手机（计算机）"交往。例如，传统的电话、书信交往更多地被网络交往方式如QQ、微信和微博等取代。

2. 网络文明对生活方式的影响

中国互联网络信息中心（CNNIC）发布的第43次《中国互联网络发展状况统计报告》显示，截至2018年12月，线下网络支付使用习惯持续巩固，网民在线下消费时使用手机网络支付的比例为67.2%；在跨境支付方面，支付宝和微信支付已分别在40个以上国家和地区合规接入。想要购物，直接在网上就可以买到各种需要的物品；想要出门旅行，车票、酒店等都可通过互联网来提前预订。互联网带来便利的同时还提高了人们的生活质量，人们的生活已经迈向新时代。

3. 网络文明对学习方式的影响

随着网络技术的发展，青年学生的学习方式已不再局限于课堂教学，可以通过网络聆听世界各地名师公开课、微课、慕课（MOOC）等。如今，一些大型开放式网络课程还可以实现与老师、同学通过在线视频或语音通话对某一个问题进行充分自由的讨论并进行网上考试，足不出户便可享受国内、国际的优质教育资源。查找资料也不只是去图书馆，可以通过各种搜索引擎进行检索。

网络学习方式

4. 网络文明对工作方式的影响

得益于互联网发展，有一部分人可以不用每天朝九晚五地奔波于家与办公室之间，而是成为SOHO族，能够按照自己的兴趣和爱好自由选择工作，不受时间和地点的制约，不受发展空间的限制。网络技术与科学技术、医疗技术等相结合，使远程实验室、无纸化办公和远程医疗等成为现实，这极大地降低了生产成本并促进网络更好地为人类服务。网络正在不知不觉地改变着人们的工作方式。

三、网络文明的原则

党的十八大以来，精神文明建设以培育和践行社会主义核心价值观为主线，在全社会弘扬真善美、传递正能量，人民群众的生活得到实实在在的改变，生活更有道德、更有文化、更有品位。网络文明的原则如下：

1. 不伤害原则

不伤害原则是指网络主体在参与网络活动时无损于他人，无损于社会，保护他人与社会正当权益不受侵害。

2. 诚信原则

诚信原则是指网络行为要言行一致,不自欺也不欺骗他人,不发布虚假信息,不侵犯他人的权利,营造公正、平等、自由、互助的网络环境和网络秩序。

3. 尊重原则

尊重原则是指尊重彼此的权利、自由与人格等,不随意在网上公布他人的隐私,不对他人进行诽谤或污蔑等。

> **案例链接**
>
> **在微信上发布不当言论会受严惩**
>
> 2019年4月12日,北京东城警方接到网民举报称,一网民在微信群中发布侮辱四川凉山救火英雄的不当言论。对此,东城警方迅速开展调查,于当日下午将该网民查获。经审查,嫌疑人黄某交代,其为发泄个人情绪,发布了侮辱凉山因公牺牲英雄的言论。目前,黄某因涉嫌寻衅滋事罪已被东城警方依法刑事拘留。警方提示,英雄烈士的事迹和精神不容亵渎,对于公然侮辱英烈的行为,公安机关将依法坚决打击,网络不是法外之地,违法行为必然受到严惩。
>
> 此案例中,黄某发表言论时,就违反了不伤害原则和尊重原则,自己也受到了法律的严惩。

四、文明上网的要求

1. 文明上网的基本要求

网络改变着人们的生活,改变着整个世界。网络迅速地汇集、传递各种信息资源,极大地方便了人们的工作和生活,节约了社会交往成本。提倡文明上网,营造清朗的网络空间环境,体现传统伦理道德及对人的尊重。要充分利用网络优势,加强学习文化知识,积极参与各种网上健康活动,保持正义感、责任感和上进心。文明上网的基本要求如下:

1)不信谣、不传谣、不造谣。

2)浏览合法网站,不浏览淫秽、暴力、迷信及其他违法违规信息,玩健康网络游戏,并用自己的行动影响周围的朋友。

文明上网

3)自觉抵制网上的虚假、低俗内容,让有害信息无处藏身;增强自我保护意识,不随意约会网友。

4)确保用语的规范和文明,不故意挑衅和使用脏话。

5）尊重他人隐私，未经别人同意，不翻阅别人的电子邮件或聊天记录。
6）学会包容，对不同观点不冷嘲热讽。
7）有节制上网，科学安排作息时间，不沉溺于网络游戏和网上聊天之中。

资料链接

预防网络沉溺

不少人由于长时间或习惯性地沉浸于网络时空，对手机、网络等产生了强烈的依赖，甚至达到痴迷程度，进而导致自我难以摆脱，成了"手机控"和"低头族"。

预防网络沉溺的小建议：
①在计算机或手机上安装一些小程序，限制上网时间。
②制定一个明确的学习目标，并坚持不懈地努力实现。
③多读一些更有质量保证的纸质书，或在断网的状态下阅读已下载的电子书。
④参加校内外的各种社团活动，积极参加各种实践。
⑤课余时间跑跑步、打打球等。
⑥现实生活中，多与身边的亲人、朋友和同学交流沟通。

 谈谈你对网络沉溺的看法。在使用网络过程中如何避免网络沉溺？

2. 互联网群组的使用要求

按照2017年9月7日国家互联网信息办公室印发的《互联网群组信息服务管理规定》，互联网群组是指微信群、QQ群、微博群、贴吧群、支付宝群聊等各类互联网群组。互联网群组建立者、管理者应当履行群组管理责任，即"谁建群谁负责""谁管理谁负责"。

规范使用微信

互联网群组方便了工作生活，但部分群管理者职责缺失，造成淫秽色情、暴力恐怖、谣言诈骗、传销赌博等信息通过群传播扩散，一些不法分子还通过群组实施违法犯罪活动，破坏社会和谐稳定。目前，国家已经出台了规章制度对微信群进行规范管理，违规发言都要担负法律责任，尤其是群主。因此，发微信时需注意以下事项：

1）政治敏感话题不发。
2）不信谣不传谣。
3）所谓的内部资料不发。
4）涉黄、涉毒、涉暴等内容不发。
5）有关港澳台新闻在官方网站未发布前不发。
6）军事资料不发。
7）有关涉及国家机密的文件不发。
8）来源不明的疑似伪造的黑警辱警的小视频不发。
9）其他违反相关法律法规的信息不发。

案例链接

真不是开玩笑，多名群主已被拘留！

1. 男子因在微信群辱骂交警被拘

男子杨某，因不满交警夜晚查酒驾，在自建微信群中发布侮辱性言语，被当地警方以涉嫌寻衅滋事行政拘留5天。

2. 群员在群内传播淫秽视频，群主获罪

男子吴某有一个100多人的微信群。群员马某在群中每天发布"有大片看"信息，向群员收取数十元会费，向交钱的人发送淫秽视频。群主吴某因视而不理，涉嫌构成传播淫秽物品罪，被警方依法予以刑事拘留。

3. 利用微信群"抢红包"赌博，群主"抽水"被判刑

董某建立了一个微信群，2015年6~8月，组织40余人以发红包的形式进行赌博，从中抽取红利。法院经审理后，判处主犯董某犯开设赌场罪，判处有期徒刑2年6个月，缓刑3年，并处罚金人民币5万元。

1. 通过以上案例，我们想一想，为什么群主成了垫背的？群主、群成员分别有哪些权利和义务？
2. 你加入了多少微信群？在群里发言应该注意什么？

第二节 网络安全

一、网络安全概述

网络安全是指网络系统的硬件、软件及其系统中的数据受到保护，不因偶然或者恶意

原因而遭受到破坏、更改、泄露，系统连续可靠正常地运行，网络服务不中断。

2016年11月7日，全国人民代表大会常务委员会发布《中华人民共和国网络安全法》，于2017年6月1日起施行。《中华人民共和国网络安全法》的目的是保障网络安全，维护网络空间主权、国家安全和社会公共利益，保护公民、法人和其他组织的合法权益，促进经济社会信息化健康发展。《中华人民共和国网络安全法》明确规定了公民上网行为规范。

二、影响网络安全的因素

目前，影响计算机网络安全的因素主要有对网络信息和设备的威胁，以及网民的网络素质等。

1. 物理破坏

各种网络硬件设备是组成计算机网络的重要部件之一，这些设备可能会遇到地震、雷击和火灾等自然因素的破坏，还可能会遭遇人为的破坏，如盗窃、操作失误等。

2. 系统软件缺陷

目前，计算机网络操作系统及各种程序由于种种原因，都会存在一些无法避免的缺陷和漏洞，大多数黑客针对网络的攻击都是通过利用这些漏洞来进行的。涉及网络支付结算的系统安全包含下述一些措施：在安装的软件中，如浏览器软件、电子钱包软件、支付网关软件等，检查和确认未知的安全漏洞；技术与管理相结合，使系统具有最小穿透风险性，如通过诸多认证才允许连通，对所有接入数据必须进行审计，对系统用户进行严格安全管理；建立详细的安全审计日志，以便检测并跟踪入侵攻击等。

3. 网民的网络素养

作为网络社会最基本的元素，网民网络素养是网络空间健康稳定的重要基础，也是关系到互联网长远发展，建设网络强国的必要因素。网络素养是一种适应网络时代的基本能力。在信息技术和网络高速发展的当下，网络素养是网络时代每一个网民必须具备的基本素养，是维护社会稳定和国家安全的必备能力，是保护个人隐私和生命财产安全的必备能力。

网民网络素养水平不高会给网络安全带来巨大挑战。当前威胁网络安全的情况主要有以下几种：

1）极个别掌握专业技能的人有意造成网络混乱，如黑客攻击。

2）时有发生的欺诈性、商业性地利用资源现象，违法违规和侵犯公民权利，破坏网络空间的安全性。

3）某些不当言论在网络上引发的混乱或具有破坏性的行动。网络给予了网民话语权，但部分网民的冲动与理性思考能力的缺乏，极可能成为扰乱社会安定的群体性事件的诱因。

4）某些非法侵犯他人权利或隐私的行为。少数网络素养不高的网民在网络空间里为所欲为，使网络空间的安全性受到怀疑，社会诚信受到质疑。

5）个别网民造谣传谣，伪造各种不实信息，散布种种偏激言论等。这些威胁网络安全的行为，从制造者甚至受害者身上均可以看到当前我国部分网民网络素养水平较低的现状。如果公民的网络素养不能得到及时有效提升，就会不可避免地危害社会安全，损害公众利益。

▍案例链接

抢红包也会被骗

2018年11月8日，某职业院校学生袁某，在其微信聊天群里看到有一位陌生人请求加为微信好友，该生毫无防范地接受请求并和对方聊天。聊天过程中，该生把自己本人信息全部告诉给了对方，包括微信钱包余额。而且在聊天过程中还玩起了发红包游戏，该生发给对方20元，对方发给该生40元；该生又发给对方40元，对方发给该生80元。然后，对方嫌麻烦，说："把你微信钱包的钱都转给我，我转给你2000元。"该生通过红包方式转给对方200元后意识到可能是骗局，不想转给对方余下的钱了，但对方又不断承诺，并把自己微信钱包的余额（2600多元）截图发过来，该生信以为真，又分3次每次200元以红包形式转给对方共800元，结果被对方拉黑。

这个案例说明，网络世界里，人们的素养各不相同。我们要有一定的安全防范意识。一定不要贪图小便宜，如果被人利用，自己的损失会更大。

有效约束网络行为

4. 网络安全法规

互联网不是"法外之地"。以《中华人民共和国网络安全法》为基础，将相关要求融入组织规范、行为准则中，由政府部门牵头制定和推广网络行为规范，有效约束网络行为，提高抵制信息污染、甄别网络信息的能力，提升网络诚信意识、社会责任意识和公德意识。加强对局域网、校园网、微信公众号等新媒体平台的管理，制定出台网络载体的自律公约，建立网络用户实名登记制度，对网络平台中的敏感问题或社会焦点问题及时进行信息审查，对制造谣言、传播谣言和散布虚假信息的网络用户予以警告，对情节严重者或造成社会危害者要坚决追究其法律责任。

三、网络安全防范

案例链接

个人信息会在毫不知情的情况下被泄露

2019年央视3·15晚会曝光了一款用于搜集用户手机信息的探针盒子。当用户手机无线局域网处于打开状态时，会向周围发出寻找无线网络的信号。探针盒子发现这个信号后，就能迅速识别出用户手机的MAC地址，先将其转换成IMEI号，再转换成手机号码。

一些公司将这种小盒子放在商场、超市、便利店、写字楼等地，在用户毫不知情的情况下搜集个人信息，甚至包括婚姻、教育程度、收入等大数据在内的个人信息！

1. 网络应用防范技能

（1）使用计算机　使用计算机时，最好做到以下几点：

1）安装防火墙和防病毒软件，并且要经常升级。

2）注意经常给系统打补丁，堵塞软件漏洞。

3）网上下载软件时要去正规网站，下载完成后要及时杀毒，不要打开未经杀毒处理的软件，不要打开QQ和微信等上传的不明文件。

4）设置Windows操作系统开机密码。

5）设置统一可信的浏览器初始页面。

6）接入移动存储设备（移动硬盘、U盘等）前，要进行病毒扫描。

（2）使用智能手机　使用智能手机时，最好做到以下几点：

1）为手机设置访问密码，以防丢失后，犯罪分子可能会获得通讯录、文件等重要信息并加以利用。

2）不要轻易打开陌生人发送的链接和文件。

3）为手机设置锁屏密码，并随身携带。

4）在QQ和微信等应用程序中关闭地理位置，仅在需要时开启。

5）经常为手机数据做备份。

6）安装防护软件，并经常对手机进行扫描杀毒。

7）下载手机应用程序，应到权威网站商城，并在安装时谨慎选择相关权限。

（3）使用Wi-Fi　使用Wi-Fi时，最好做到以下几点：

1）免费Wi-Fi要慎重使用，要用可靠的Wi-Fi接入点。关闭手机或便携式计算机等设备的无线网络自动连接功能，仅在需要时开启。

2）在公共场所使用陌生的无线网络时，尽量不要进行与资金有关的银行转账与支付，防范一些不法分子设置钓鱼陷阱。

3）修改无线路由器默认的管理用户名和密码，将其用户名和密码设置得复杂一些，用字母、符号和数字组合。

4）启用 WPA/WEP 加密方式。

5）修改默认 SSID 号，关闭 SSID 广播。

6）启用 MAC 地址过滤。

7）无人使用时，关闭无线路由器电源。

2. 个人信息防护技能

（1）保护个人信息　现在网络为人们的生活提供了越来越多的方便，不管是购物、旅游、住宿、订票、打车、理财和家政等各式各样的产品和服务，都能通过网络轻松实现。但是，同样也存在一个安全隐患，个人信息可能会被盗取。那么，如何在网络世界中更好地保护个人信息呢？

案例链接

"悄悄"盗取个人信息

某日，在某国企上班的杜先生参与了一类性格测试。通过关注一个相关公众号，输入自己的姓名和生日，几秒后系统便生成了一张杜先生的性格标签图片。图片上写满了字，如杜先生的名字、狮子座、超有个性、有领导能力等 10 多个词汇，杜先生和他的朋友称其"神准"。

然而，看似有趣的网络测试，实际上存在诸多问题。

首先，很多用户的个人信息在不知不觉中被资质并不合法的"皮包公司"盗取。据媒体曝光，这些进行"性格测试"的公众号运营主体，很多并没有正规运营资质，甚至是"皮包公司"，他们利用用户对微信平台的信任和对个人信息保护意识的淡薄，非法收集个人信息。

其次，这种行为严重侵犯用户的隐私权，并可能被不法分子利用并实施诈骗等刑事犯罪。这些"皮包公司"获取用户个人信息后，能随意将众多信息打包出售，卖给相关商家。商家利用买来的个人信息数据库进行广告营销、商品推销等，严重扰乱普通网络用户的正常生活，导致网络用户隐私权受到侵犯。

2018 年，刷爆微信朋友圈的"性格测试"类公众号，因涉嫌盗取公众个人信息被微信官方平台和公安部叫停。这些饶有趣味的"测试类"公众号问题何在？在接触网络时，该如何防范个人信息泄露？

1）购物网站、APP 是生活中应用得比较频繁的类型，使用正规的、运营规范的购物网站是最基本的,不要使用那些小网站、钓鱼网站。在购物中需要注意的是,购物过程中一定要在网站内指定的通信渠道、交易程序中完成,不要另外通过加私人QQ、微信等方式完成交易过程,否则很容易被对方套取信息或者损失额外的钱财。

2)网上支付时应确保在安全的网络环境中,如公司、家里等专属网络。如果在外进行操作,则应该使用流量数据上网,不要使用公共场所的Wi-Fi。

3)上传个人身份证照片时,一定要在身份证照片上打上水印,注明限制使用途径如"仅作为××××使用,他用无效"这类字眼,以防他人盗用、他用。水印要和身份证上的文字有接触或者交叉,但又不影响信息阅读。

4)涉及个人信息的网站上,注册时使用的用户名和密码最好都做到不一样,避免一个网站账户被盗,其他网站账户都遭殃。密码的设置最好和自己的姓名和生日没有太大的关联性。

5)突然在微信、短信、QQ上收到家人、朋友的信息,要求出示个人证件或者转账需要办理某某事时,应该先让对方给你打一个电话,确认对方身份后才可以出示相关信息或者转账。

6)想要转手自己的旧手机或者不再使用的手机时,要确保手机里的信息已经彻底清除干净,可以反复多次将手机内存充满和清除,覆盖以前的痕迹,然后彻底清除,这样万一手机的内存信息被还原,也都是一些无关紧要的信息。

(2)不要侵犯他人的信息 保护好自己的个人信息,同时也不要侵犯他人的信息。通过网络宣扬、公开或转让他人隐私,未经授权收集、截获、复制、修改他人信息都属于侵犯他人信息的行为。《中华人民共和国刑法》规定:违反国家有关规定,向他人出售或者提供公民个人信息,情节严重的,处3年以下有期徒刑或者拘役,并处或者单处罚金;情节特别严重的,处3年以上7年以下有期徒刑,并处罚金。

资料链接

《最高人民法院、最高人民检察院关于办理侵犯公民个人信息刑事案件适用法律若干问题的解释》的第五条规定,非法获取、出售或者提供公民个人信息,具有下列情形之一的,应当认定为刑法第253条之一规定的"情节严重":

1)出售或者提供行踪轨迹信息,被他人用于犯罪的。

2)知道或者应当知道他人利用公民个人信息实施犯罪,向其出售或者提供信息的。

3)非法获取、出售或者提供行踪轨迹信息、通信内容、征信信息、财产信息50条以上的。

4)非法获取、出售或者提供住宿信息、通信记录、健康生理信息、交易信息等其他可能影响人身、财产安全的公民个人信息500条以上的。

5)非法获取、出售或者提供3)、4)规定以外的公民个人信息5000条以上的。

6)数量未达到3)~5)规定的标准,但是按照相应比例合计达到有关数量标准的。

7)违法所得5000元以上的。

8）将在履行职责或者提供服务过程中获得的公民个人信息出售或者提供给他人，数量或者数额达到3）~7）规定标准一半以上的。

9）曾因侵犯公民个人信息受过刑事处罚或者二年内受过行政处罚，又非法获取、出售或者提供公民个人信息的。

10）其他情节严重的情形。

实施前款规定的行为，具有下列情形之一的，应当认定为刑法第253条之一第一款规定的"情节特别严重"：

1）造成被害人死亡、重伤、精神失常或者被绑架等严重后果的。

2）造成重大经济损失或者恶劣社会影响的。

3）数量或者数额达到前款3）~8）规定标准10倍以上的。

4）其他情节特别严重的情形。

案例链接

微信上乱发信息被判刑

某日，民警找到90后女生李某，告诉她在微信上给主管发了4张照片，照片里包含了某小区业主的个人信息，数量达113条，涉嫌侵犯个人信息。当日，该市公安局予以立案。该案在市人民法院开庭审理，法院经审理认为李某违规向他人提供含有公民个人联系方式、家庭住址及房产面积等信息的公民个人信息，情节严重，触犯了刑法第253条之一的规定，已经构成侵犯公民个人信息罪。鉴于李某的行为未造成严重后果且有认罪表现，酌情从轻量刑，判处拘役3个月，缓刑5个月并处罚金4000元。

3. 防范网络诈骗

网络诈骗是指为达到某种目的在网络上以各种形式向他人骗取财物的诈骗手段。犯罪的主要行为和环节发生在互联网上，用虚构事实或者隐瞒真相的方法，骗取数额较大的公私财物的行为。网络诈骗具有虚拟性、隐蔽性和开放性。

案例链接

盲目扫描二维码被骗

某校学生李某加入某QQ群，群主发布"微信扫描二维码只需0.1元便可得到高级账户"的信息。李某扫描二维码后，支付0.1元，银行卡内显示被扣999元。实际上李某扫描二维码后，访问的是钓鱼网站，模仿官网，当你点击确定支付时，看到支付0.1元，实际支付金额远远大于要求支付额。

这个案例说明不要盲目扫描二维码，一定要核对网站的真实性。

网络诈骗常见的形式和防范措施见表7-1。

表 7-1 网络诈骗常见的形式和防范措施

网络诈骗名称	网络诈骗形式	防范措施
虚假票务诈骗	以"低价""特价""票源充足"等为噱头,骗取网民票款的虚假票务网站,常用"400客服电话"或模仿正规网站页面设计等伪装	不可一味轻信搜索引擎的查询结果,而应多加甄别;购票应去正规、较大的专业票务网站
网络兼职诈骗	以帮网店"刷信誉"便可赚取佣金进行诈骗。"兼职人员"需交纳培训费、垫付贷款完成购买任务。由于受害者购物使用的账号、密码均由"雇佣者"提供,货品会被诈骗分子迅速提走	查询招聘信息时最好到正规网站,不要轻信免费发布信息的网站平台信息或者中介兼职信息,以防上当受骗
网络游戏交易诈骗	诈骗分子针对游戏玩家有游戏充值、装备升级、账号转让等需求,开设虚假网游交易平台,骗取充值金额,并不断以保证金、解冻费等为名连续诈骗	进行游戏充值时不可盲目轻信陌生网站,一定要选择有正规资质的官方网站;对论坛、网友聊天中提供的充值链接要仔细核实,与官方网站网址比对
虚假中奖诈骗	冒充知名电视节目、网站发布中奖信息,诱骗"中奖者"填写个人资料,再来电要求支付领奖费用,若被怀疑拒绝,便宣称拒绝领奖需承担法律责任,对受害者恐吓、敲诈	对意外之财要持谨慎怀疑态度,从未参与过的活动必然不会中奖;也可通过官方网站、电话核实中奖信息
冒充官方网站的钓鱼盗号网站诈骗	使用制作逼真的网站页面,冒充银行、通信运营商、第三方支付平台、游戏充值平台,盗取卡号密码,使受害者蒙受损失	输入账号、密码前,要仔细核实网址是否准确,不要轻易点击他人发来的链接
利用即时通信平台诈骗	诈骗分子盗用网民即时通信工具账号,冒充身份向通讯录好友借钱诈骗	对网上收到的亲友借钱、代付等请求,要通过见面、通话等多种渠道核实,切不可向陌生人转账
拼单团购诈骗	诈骗分子通过发布拼单团购商品信息链接,收集、掌握消费者手机号、银行卡、身份证等个人信息,套取银行卡内的资金	参加各种拼团时要仔细辨别,避免因盲目跟风、追求低价而落入价格陷阱和团购骗局
发送"木马红包"诈骗	诈骗分子以购物返利为诱饵,通过微信发送商品二维码或是藏有木马病毒的红包,消费者一旦安装,木马病毒就会盗取银行账号、密码等个人信息,转走钱财	不盲目扫描二维码,若不慎点击"木马红包",应迅速关闭手机网络,立刻修改网银、支付宝等密码,去正规手机售后部门刷机或重置系统,彻底删除木马病毒
仿冒官方公众号诈骗	诈骗分子利用"交通违章查询"等仿冒官方的公众号,网民按要求向该公众号发送相关信息后,会收到提交"手机验证码"的提示,若发送验证码,微信钱包内的钱就会被立即转走	对于各类公众号要提高警惕,有疑问时应与相关部门联系求证,不随意交易,不轻易发送手机验证码

案例链接

徐某某遭遇电信诈骗

2016年高考,徐某某被大学录取。一天,她接到了一个陌生电话,对方声称有一笔2600元助学金要发放给她。在接通这个陌生电话之前,徐某某曾接到过教育部门发放助学金的通知。"18日,女儿接到了教育部门的电话,让她办理了助学金的相关手续,说钱过几天就能发下来。"徐某某的母亲告诉记者,由于前一天接到的教育部门电话是真的,所以当时他们并没有怀疑这个电话的真伪。

按照对方要求,徐某某将准备交学费的9900元打入了骗子提供的账号……发现被骗后,徐某某万分难过,当晚就和家人去派出所报了案。在回家的路上,徐某某因此事突然晕厥,不省人事,虽经医院全力抢救,但仍没能挽回生命。

公诉机关指控,2016年4月初,被告人杜某某通过植入木马等方式,非法侵入某省2016年普通高等学校招生考试信息平台网站,窃取2016年某省高考考生个人信息64万余条,并对外出售牟利。其中,杜某某通过腾讯QQ、支付宝等工具,向陈某某(另案处理)出售上述信息10万余条,获利14100余元。陈某某等人使用所购的上述信息实施电信诈骗,拨打诈骗电话1万余次,骗取他人钱款20余万元,并造成徐某某死亡。公诉机关认为,被告人杜某某非法获取公民个人信息,并向他人出售,情节特别严重,应当以侵犯公民个人信息罪追究其刑事责任。

某人民法院一审公开开庭审理并当庭宣判,杜某某被指控非法获取公民个人信息罪名成立,被判有期徒刑6年,并处罚金6万元。对被告人陈某某等诈骗、侵犯公民个人信息案一审公开宣判,以诈骗罪判处被告人陈某某无期徒刑,剥夺政治权利终身,并处没收个人全部财产。

个人成长练习

对照本章的内容,培养良好的上网习惯,增强网络安全防范意识,践行网络文明。

1. 互联网改变了我们的学习和生活方式,你认为网络给你带来了哪些影响?
2. 网络给我们提供了大量信息,其中也有些影响我们身心健康的污秽信息,我们应该怎么办?
3. 从2014年起,每年9月第三周是"国家网络安全宣传周",你可以根据所学知识,结合当年的网络文明与安全的主题做一份网络科普手抄报。

第八章 法的理论及职业相关法

学习目标

☆ 了解法的基础知识、部分与职业相关部门法和我国几部主要法律内容。
☆ 理解我国社会主义法治理念。
☆ 掌握处理劳动争议的途径和方法。
☆ 培养用法律维护自身职业权益的能力。

引导案例

2019年5月,某企业在举办招聘会时与2004年3月出生的王某签订了劳动合同,为期3年,王某主要负责车间的夜班工作。合同中规定,王某若提前解除劳动合同视为违约,并需支付违约金5000元。王某在工作6个月后,以夜间工作太累,休息无规律为由向该企业提出解除劳动合同。某企业认为王某的行为构成违约并向劳动争议仲裁委员会提出仲裁申请,要求王某承担违约责任并支付违约金。劳动争议仲裁委员会依据法律规定认为,王某在与某企业签订劳动合同时未满16周岁,不具备劳动法律关系的主体资格,造成劳动法律关系失效,因此驳回了某企业要求王某承担违约责任的请求。

通过该案例可以看出,在职业生涯中一旦遇到劳动争议事件,应该学会利用法律武器维护自身合法权益,这就要求学生既要掌握一些法律常识又要学会运用一些法律实务。

第一节 法的基础知识

一、法的起源

在法的起源问题上,马克思主义认为,法是随着生产力和社会经济发展,私有制和阶级产生及国家出现,在一个漫长历史过程中形成的。

人类在原始社会时并没有出现法,调整和处理人们关系的主要途径依靠氏族制度,各类社会关系主要靠原始习惯来规范，这些习惯体现了氏族成员的共同意志，在实施过程中都能自觉遵守。到了原始社会末期，生产工具的进步推动生产力发展和私有制出现，阶级斗争开始走上历史舞台。进入奴隶社会后，氏族制度和原始习惯调和社会矛盾的能力不断降低，奴隶主阶级为了自己的统治需要，通过建立军队、警察、监狱等一些暴力机构来管理和镇压奴隶阶级的反抗和斗争。同时，奴隶主阶级在建立国家时，需要把自己的阶级意志上升为国家意志，并用制度的形式固定下来，于是国家和法在这些社会矛盾斗争中产生了。

法在产生后不是一成不变的，它是随着经济基础的发展变化而变化的。到目前为止，人类社会先后出现过4种类型的法，从奴隶制法发展到封建制法，接着又发展到资本主义法和社会主义法。法的每一次变革都是由当时社会运动规律和经济基础变动引起的。

资料链接

我国法的语源和历史称谓

根据史料记载，"法"字在我国西周金文中写作"灋"（音 fǎ）。"灋"是一个典型的象形文字，由3部分组成："氵"意为平坦如水，主要喻示法像水一样平，代表公平和公正；"廌"（音 zhì）指神兽，代表正直和正义；"去"代表对不公正行为的惩罚。

道光大清律例

在古代文献中，多朝代称法为刑，如夏朝禹刑、商朝汤刑等。据史籍记载，商鞅变法后改法为律，后被各朝引用，如秦律、唐律、明律、清律等。最早把"法"和"律"二字连在一起使用的是春秋时期的管仲。现代意义上的"法律"称谓直到清末民初才被广泛使用。

二、法的定义

根据马克思主义的观点，法是由国家制定或认可，并以国家强制力保证实施的，它反映了由特定物质生活条件所决定的统治阶级意志的规范体系。法通过规定人们在相互关系中的权利和义务，确认、保护和发展对统治阶级有利的社会关系和社会秩序。

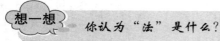

想一想　你认为"法"是什么？

三、法的本质和规范作用

1. 法的本质

马克思主义唯物史观认为,法的本质可以归纳为以下 3 个方面:
1) 法反映统治阶级的意志。
2) 法是上升为国家意志的统治阶级的意志。
3) 法所体现的统治阶级的意志内容由统治阶级的物质生活条件决定。

2. 法的规范作用

(1) 指引作用 指引作用是指法对本人行为具有引导作用。一种是确定指引,即法律明确规定人的行为哪些可行和哪些不可行,并明确违规后需承担的法律责任。另一种是选择指引,即法律规定人们可获肯定的法律行为。例如,《中华人民共和国继承法》第 16 条规定:"公民可以立遗嘱将个人财产指定由法定继承人的一人或者数人继承。公民可以立遗嘱将个人财产赠给国家、集体或者法定继承人以外的人。"

(2) 评价作用 评价作用是指法律作为一种行为标准,具有判断、衡量他人行为是否合法或有效的评价作用。其所评价的对象是他人。

(3) 教育作用 教育作用是指通过法的实施使法律对一般人的行为产生影响。这种作用具体又表现为示警作用和示范作用,既对受到处罚的公民有教育作用,又能警示未受处罚的公民,促使他们提高法律意识,自觉遵守各项法律规定。

(4) 预测作用 预测作用是指凭借法律存在,可以预先估计到人们相互之间会如何行为。预测作用的对象是人们相互行为,包括公民之间、社会组织之间、其他法人之间及他们相互之间的行为预测。例如,《中华人民共和国物权法》第 116 条规定:"天然孳息,由所有权人取得;既有所有权人又有用益物权人的,由用益物权人取得。当事人另有约定的,按照约定取得。法定孳息,当事人有约定的,按照约定取得;没有约定或者约定不明确的,按照交易习惯取得。"

法院审理

（5）强制作用　强制作用是指法可以通过制裁违法犯罪行为来强制人们遵守法律。法律要想成为人们普遍遵守的规则，就必须保持一定权威性，法律权威性要靠强制性来保障。例如，《中华人民共和国刑法》第 115 条规定："放火、决水、爆炸、及投放毒害性、放射性、传染病病原体等物质或者以其他危险方法致人重伤、死亡或者使公私财产遭受重大损失的，处十年以上有期徒刑、无期徒刑或者死刑。"

 你身边有没有违反法的规范作用的人？给你什么启示？

四、学习法律的意义

1. 加强学生法律知识教育是依法治国及和谐社会建设的需要

依法治国既需要法律体制不断完善、依法行政规范和司法体系改革，也需要人民群众法治观念和法律意识不断增强。职业院校的学生作为社会主义建设事业的新生力量，处在培养法律素养的关键时期，是我国依法治国不断增强的重要组成部分，学生法律教育的好坏直接影响着依法治国战略的效果。和谐社会建设需要更多懂法守法和弘扬社会正能量的高素质公民，从学生法制教育抓起，是实现社会主义和谐价值观的重要举措。

2. 通过学习有利于培养学生良好的法律意识，远离犯罪侵害，促进健康成长

培养学生的法律意识，首先应该从认真学习法律知识开始，通过学习可以让学生知道如何依法规范自身行为，了解犯罪的危害，还可以起到预防和减少犯罪的目的，真正做到知法、用法、守法，促进学生健康成长。在我国法律体系中，保护青年学生的法律很多，如《中华人民共和国未成年人保护法》《中华人民共和国预防未成年人犯罪法》《中华人民共和国义务教育法》等，这些法律规定了学生的生存权、发展权、受保护权、参与权和受教育权等。

3. 学会利用法律武器维护自身和他人的合法权益

当自己或身边人合法权益受到侵犯时，首先应该想到利用法律救助作用来维护权益。对于公民享有的各种合法权益，宪法和法律都会提供保护，法律通过解决公民之间权利和义务纠纷或制裁违法犯罪行为来维护公民合法权益。当自己或身边人合法权益受到侵犯时，都有权根据法律规定，按照法定程序向有关部门寻求法律保护。学生通过学法可以掌握使用法律武器的方法和途径，在维护权益过程中践行法律精神。

 学习法律知识对我们将来的工作有什么现实意义？

第二节 我国社会主义法治理念和法律体系

一、社会主义法治理念的定义和基本内容

1. 社会主义法治理念的定义

社会主义法治理念是体现社会主义法治内在要求的一系列观念、信念、理想和价值集合体，是指导和调整社会主义立法、执法、司法、守法和法律监督的方针和原则。确立法治理念是个系统化工程，它是一个国家法律制度的思想基础，在我国的发展阶段见表8-1。

表 8-1　法治理念在我国的发展阶段

发展阶段	主要成就
第一阶段	首次将马克思主义法治思想与中国的法制建设相结合，1954年9月制定了第一部《中华人民共和国宪法》
第二阶段	提出了社会主义法治建设"有法可依、有法必依、执法必严、违法必究"的十六字方针
第三阶段	正式确定"中华人民共和国实行依法治国，建设社会主义法治国家"的治国方略，并载入宪法
第四阶段	提出了"社会主义法治理念"的新命题，解决了建设什么样的法治国家，如何建设社会主义法治国家的重大问题
第五阶段	把全面依法治国纳入"四个全面"战略布局，明确了全面依法治国的指导思想、发展道路、工作布局、重点任务等

2. 社会主义法治理念的基本内容

（1）依法治国　依法治国是社会主义法治的核心内容，是广大人民群众在党的领导下，依照宪法和法律规定，通过各种途径和形式管理国家事务，管理经济文化事业，管理社会事务，保证国家各项工作都依法进行，逐步实现社会主义民主的制度化和法律化，使这种制度和法律不因个人意志而改变。

全面依法治国

（2）执法为民　执法为民是社会主义法治的本质特征，是中国共产党立党为民的表现，体现宪法的人民民主性，是社会主义法治始终保持正确政治方向的根本保证。

（3）公平正义　公平正义是社会主义法治理念的价值追求，是指社会全体成员能够按

照宪法和法律规定方式公平地实现权利和义务，并受到法律保护。

（4）服务大局　服务大局是社会主义法治的重要使命。法律作为上层建筑，必须为经济基础和人民意志服务，这就要求各级政法机关，依照国家法律正确履行职责，致力于推进社会各项事业进程，努力创造和谐稳定的社会环境和公正高效的法治环境。

（5）党的领导　坚持党的领导是社会主义法治的本质保证。党的领导主要包括思想领导、政治领导和组织领导，要把党的领导与维护社会主义法治统一起来。

 党的十九大以来我国社会主义法治思想有哪些变化？

二、我国社会主义法律体系概述

1. 中国特色社会主义法律体系的定义

中国特色社会主义法律体系是指适应我国社会主义初级阶段的基本国情，与社会主义的根本任务相一致，以宪法为根本依据，由部门齐全和严谨科学的法律及其配套法规构成，保障我国沿着中国特色社会主义道路前进的各项法律制度的总称。

2. 中国特色社会主义法律体系的构成

我国社会主义法律体系具体由宪法及宪法相关法、民商法、行政法、经济法、社会法、刑法、诉讼与非诉讼程序法7个部分构成。宪法是国家的根本大法，宪法相关法是与宪法配套、直接保障宪法实施的宪法性法律规范的总和，如《中华人民共和国民族区域自治法》和《中华人民共和国香港特别行政区基本法》等；民商法包括民法和商法两大类，如《中华人民共和国民法总则》和《中华人民共和国公司法》等；行政法是指有关行政主体、行政行为、行政程序、行政责任等一般规定的法律法规，如《中华人民共和国公务员法》和《中华人民共和国行政处罚法》等；经济法是创造平等竞争环境、维护市场秩序方面的法律，如《中华人民共和国消费者权益保护法》和《中华人民共和国个人所得税法》等；社会法是保障社会中特殊群体和弱势群体权益的法律，如《中华人民共和国劳动法》和《中华人民共和国老年人权益保障法》等；刑法是规定犯罪和刑罚的法律，如《中华人民共和国刑法》及刑法修正案；诉讼与非诉讼程序法是规定法律实施程序和诉讼程序法以外的程序法，如《中华人民共和国刑事诉讼法》和《中华人民共和国仲裁法》等。

三、我国社会主义法律体系中的代表法

1.《中华人民共和国宪法》

（1）宪法概述　中华人民共和国成立后，分别于1954年9月20日、1975年1月17日、1978年3月5日和1982年12月4日通过4部《中华人民共和国宪法》（以下简称

《宪法》，其历史发展见表 8-2），到目前为止对其内容已进行多次修订。宪法是我国的根本大法，具有最高法律效力，它规定了我国的根本制度和根本任务，同时宪法也是制定国家其他法律的依据，一切法律、行政法规和地方性法规都不得同宪法相抵触。社会主义宪法的原则主要包括权力属于人民原则、保障公民权利原则、社会主义法制原则和民主集中制原则。

表 8-2 我国宪法的历史发展

名称	时间	主要内容
1949 年《共同纲领》	9 月 29 日	该纲领全称为《中国人民政治协商会议共同纲领》，它除序言外，分为总纲、政权机关、军事制度、经济政策、文化教育政策、民族政策和外交政策，共 7 章 60 条。在 1954 年《宪法》诞生之前，它发挥着临时宪法的作用，并为中国正式宪法的制定积累了经验
1954 年《宪法》	9 月 20 日	该宪法将"党在过渡时期的总路线"作为国家的总任务，并把党所创建的基本制度和方针政策宪法化。共 4 章 106 条
1975 年《宪法》	1 月 17 日	该宪法在第四届全国人民代表大会第一次会议上通过，共 4 章 30 条
1978 年《宪法》	3 月 5 日	该宪法将坚持无产阶级专政下的继续革命，开展阶级斗争、生产斗争和科学实验三大革命运动，在 20 世纪内把中国建设成为农业、工业、国防和科学技术现代化的伟大的社会主义强国的总任务用法律的形式肯定下来。该宪法共 4 章 60 条
1982 年《宪法》	12 月 4 日	该宪法明确规定了中华人民共和国的政治制度、经济制度、公民的权利和义务、国家机构的设置和职责范围，以及今后国家的根本任务等，共 4 章 138 条，现已修订为 4 章 143 条

（2）宪法规定的基本制度　国家基本制度涉及国体和政体两个方面。国体是国家性质或者国家阶级本质的反映，它确定社会各阶级在国家中的地位。宪法第一条规定："中华人民共和国是工人阶级领导的、以工农联盟为基础的人民民主专政的社会主义国家。"这就指明我国的国体是人民民主专政。政体是指政权组织形式，就是指统治阶级采取何种原则和方式来组织政权机关，实现统治。宪法第二条规定："人民行使国家权力的机关是全国人民代表大会和地方各级人民代表大会。"这就指明我国的政体是人民代表大会制度。同时，我国宪法还规定了其他各项国家基本制度。

（3）宪法规定的公民基本权利和义务　公民基本权利是指由宪法规定的公民享有必不可少的权利；公民的基本义务是指由宪法规定的公民必须遵守和应尽的法律责任。

1）公民的基本权利：

①政治参与权。如宪法第 41 条规定："中华人民共和国公民对于任何国家机关和国家工作人员，有提出批评和建议的权利。"

②法律平等权。如宪法第 33 条规定："中华人民共和国公民在法律面前一律平等。"

③自由保护权。如宪法第 36 条规定:"第中华人民共和国公民有宗教信仰自由。"

④救济保障权。如宪法第 44 条规定:"退休人员的生活受到国家和社会的保障。"

⑤财产保护权。如宪法第 50 条规定:"中华人民共和国保护华侨的正当的权利和利益,保护归侨和侨眷的合法的权利和利益。"

2) 公民的基本义务

①有劳动和受教育的义务。

②有依照法律服兵役和参加民兵组织的义务。

③有维护祖国的安全、荣誉和利益的义务。

④有依照法律纳税的义务。

⑤有维护国家统一和全国各民族团结的义务。

⑥父母有抚养教育未成年子女的义务。

⑦成年子女有赡养扶助父母的义务等。

(4) 宪法规定的国家机构　国家机构是国家为实现其职能而建立起来的一整套组织体系的总和。我国宪法第三章规定了全国人民代表大会、中华人民共和国主席、国务院、中央军事委员会、地方各级人民代表大会和地方各级人民政府、民族自治地方的自治机关、监察委员会、人民法院和人民检察院等国家机构的组成和权限。

 为什么说宪法是"母法"?

2.《中华人民共和国民法总则》

(1) 民法概述　民法是调整平等主体公民之间、法人之间及公民与法人之间财产关系和人身关系的法律规范的总称。2017 年 3 月 15 日在中华人民共和国第十二届全国人民代表大会第五次会议上通过《中华人民共和国民法总则》(以下简称《民法总则》)。

《民法总则》调整的对象是财产关系和人身关系。财产关系是人们基于财产支配和交易而形成的社会关系,如借贷关系。人身关系包括人格关系和身份关系。人格关系是自然人基于彼此人格或者人格要素而形成的关系,如生命权、健康权、姓名权和肖像权;身份关系是指自然人基于彼此身份形成的相互关系,如亲属关系和夫妻关系。

(2) 民法原则　民法的原则概括起来主要如下:

1) 平等原则:平等是指主体身份平等,即民事主体在民事活动中的地位平等。

2) 自愿原则:民事主体可以按照自己的意愿决定是否参与民事活动,并对自己参与民事活动导致的结果承担责任。

3) 公平原则:主要是民事主体之间的利益要均衡,避免出现误解或者显失公平的行为发生。

4）诚实信用原则：诚实信用原则要求人们在进行民事活动时应具有良好的心理状态，即具有善意、诚实和信用。

5）守法与公序良俗原则：守法就是要求民事主体遵守我国的各项法律法规。公序良俗是公共秩序和善良风俗的简称，前者指与社会公共利益有关的社会秩序，后者指社会公认的、良好的道德准则和风俗。

6）绿色原则：我国《民法》第9条规定："民事主体从事民事活动，应当有利于节约资源、保护生态环境。"这样规定既是保护生态环境的需要，也是体现党的十八大以来的新发展理念。

（3）自然人和法人

1）自然人是依自然规律出生而取得民事主体资格的人。自然人只有具备了民事权利能力才能参与民事活动。民事权利能力是法律确认自然人享有民事权利，承担民事义务的资格。民事权利能力从公民出生时起到死亡时止，受自然人的理智水平和认识能力等主观条件的制约，形成了不同类型的民事行为能力。

2）法人是具有民事权利能力和民事行为能力（见表8-3），依法独立享有民事权利和承担民事义务的组织。法人应当依法成立，其民事权利能力和民事行为能力，从法人成立时产生，到法人终止时消灭。依照法律或者法人章程规定，代表法人从事民事活动的负责人，为法人的法定代表人。

表8-3 民事行为能力的类型

能力类型	适用范围
完全民事行为能力	18周岁以上的公民；16周岁以上的未成年人，以自己的劳动收入为主要生活来源的
限制民事行为能力	8周岁以上未成年人及不能完全辨认自己行为的成年人
无民事行为能力	不满8周岁的未成年人及不能辨认自己行为的成年人

（4）民事法律行为 《民法总则》规定，民事法律行为是民事主体通过意思表示设立、变更、终止民事法律关系的行为。民事法律行为可以基于双方或者多方意思表示一致成立，也可以基于单方意思表示成立。民事法律行为可以采用书面形式、口头形式或者其他形式。

根据《民法总则》规定，无效民事行为的情形主要有：无民事行为能力人实施的民事法律行为；行为人与相对人以虚假的意思表示实施的民事法律行为；违反法律、行政法规的强制性规定，但该强制性规定不导致该民事法律行为无效的除外；违背公序良俗；行为人与相对人恶意串通，损害他人合法权益。

可撤销的民事行为情形主要有：基于重大误解实施的民事法律行为；一方以欺诈手段，使对方在违背真实意思的情况下实施的民事法律行为；第三人实施欺诈行为，使一方在违背真实意思的情况下实施的民事法律行为，且对方知道或者应当知道该欺诈行为的；一方或者第三人以胁迫手段，使对方在违背真实意思的情况下实施的民事法律行为；一方利用对方处于危困状态、缺乏判断能力等情形，致使民事法律行为成立时显失公平的。出现上述情形时，受欺诈、受胁迫和受损害方有权请求法院或者仲裁机构予以撤销。

 自己处于民事行为能力的什么阶段？

案例链接

陈刚在某县创办了一家企业，由于该企业用电量比较大，便由当地电业局王局长亲自监管。平时王局长也经常来陈刚的企业借检查之机吃喝消费，陈刚每次都热情招待。有一年中秋节前，王局长开食品厂的弟弟来到陈刚的企业，要求陈刚购买大量月饼用作发放职工福利，陈刚拒绝了。当晚，陈刚接到了王局长的通知，说要进行电路检修，并在1h后断电。第二天，王局长的弟弟再次找到陈刚，告之若购买月饼则马上送电，陈刚无奈之下便以高价购买了大量月饼，电随之被送。

该案例中，王局长的行为已经构成了胁迫，陈刚可以要求法院判决该民事行为无效。

（5）民事诉讼时效　诉讼时效是指民事权利受到侵害的权利人在法定时效期间内不行使权利，当时效期间届满时，人民法院对权利人的权利不再进行保护的制度。公民向人民法院请求保护民事权利的诉讼时效期间为3年（法律另有规定的，依照其规定）。诉讼时效期间自权利人知道或者应当知道权利受到损害及义务人之日起计算（法律另有规定的，依照其规定），但是自权利受到损害之日起超过20年的，人民法院不予保护；有特殊情况的，人民法院可以根据权利人的申请决定延长。

3.《中华人民共和国刑法》

（1）刑法概述　刑法是指一切规定犯罪、刑事责任和刑罚的法律规范总和。目前我国适用的刑法是在1979年7月1日第五届全国人民代表大会第二次会议通过的《中华人民共和国刑法》（以下简称《刑法》），到目前为止对其内容已进行多次修订。刑法的基本原则主要包括以下内容：

1）罪刑法定原则：判断什么样的行为是犯罪及犯罪后产生哪些法律后果，受到何种处罚，都由《刑法》做出具体条文规定。

2）适用法律一律平等原则：任何人犯罪都要受到《刑法》处罚，在定罪量刑上也要按照统一标准。

3）罪刑相适应原则：按照犯罪事实和情节，以及社会危害性程度来承担相应刑事责任，做到重罪重罚、轻罪轻罚、罪行相称、罚当其罪。

（2）犯罪概述　犯罪是指具有严重社会危害性、刑事违法性与应受刑罚处罚性的行为。我国《刑法》根据国情对刑事责任年龄进行了明确规定：

1）不满14周岁的人，一律不负刑事责任。

2）已满14周岁不满16周岁的人，犯故意杀人、故意伤害致人重伤或者死亡、强奸、抢劫、贩卖毒品、放火、爆炸、投放危险物质罪的，应当负刑事责任。

3）已满16周岁的人犯罪，应当负刑事责任。

4）已满14周岁不满18周岁的人犯罪，应当从轻或者减轻处罚。

5）已满75周岁的人故意犯罪的，可以从轻或者减轻处罚；过失犯罪的，应当从轻或者减轻处罚。

案例链接

出生于2002年的蒋丽是一家高档酒店的服务生。2018年8月16日晚，蒋丽所服务的包厢里的刘某将随身携带的手提包放在沙发上后，到包厢外打电话，随后包厢内其他客人结账后离开了酒店。蒋丽在包厢查看物品时发现了该手提包，见四周没人，便将其拿走，在卫生间里打开手提包拿走了15000元现金，并把包扔到了垃圾筐里。刘某打完电话返回包厢后发现手提包丢失，在寻找未果后报警。

根据《刑法》规定，该案件中蒋丽的行为构成盗窃罪，但因未满18周岁，量刑时应从轻或减轻处罚。

共同犯罪是指二人以上共同故意犯罪。我国《刑法》第26条规定："组织、领导犯罪集团进行犯罪活动的或者在共同犯罪中起主要作用的，是主犯。三人以上为共同实施犯罪而组成的较为固定的犯罪组织，是犯罪集团。对组织、领导犯罪集团的首要分子，按照集团所犯的全部罪行处罚。"

案例链接

邢某和李某住在火车站附近，两人无业，便合谋利用火车进站速度较慢的情况，到火车上偷扒货物。每次盗窃到手后，都给同村的王某打电话，利用王某的运输车运送偷盗之物。邢某和李某在一年内共作案32起，盗窃物品总价值达到18万元，王某每次运输费用所得为200元，共获得6400元。三人于当年年底被抓获。

根据《刑法》规定，邢某、李某和王某犯有盗窃罪，属于共同犯罪。

(3) 正当防卫　正当防卫是指为了保护国家、公共利益、本人或他人的人身、财产和其他权利免受正在进行的不法侵害，而采取的制止不法侵害的行为，对不法侵害者造成一定损害的自卫行为。正当防卫必须同时具备以下要件：

1）必须是为了使国家、公共利益、本人或者他人的人身、财产和其他权利免受不法侵害而实施的。

2）必须有不法侵害行为发生。

3）必须是正在进行的不法侵害。
4）必须是针对不法侵害者本人实行。
5）不能明显超过必要限度造成重大损害。

属于正当防卫的行为不负刑事责任。正当防卫明显超过必要限度造成重大损害的，应当负刑事责任，但是应当减轻或者免除处罚。对正在进行的行凶、杀人、抢劫、强奸、绑架及其他严重危及人身安全的暴力犯罪，采取防卫行为，造成不法侵害人伤亡的，不属于防卫过当，不负刑事责任。

案例链接

肖林是武术学校的学生，某天晚上看电影回家途中遇到一持刀劫匪，要求肖林将身上的钱物全部交出来，肖林转身就跑，但劫匪紧追不舍，肖林在奔跑中顺手抓了一根木棍，停下来与劫匪进行了打斗，结果劫匪被肖林打倒。肖林感到害怕，于是到附近派出所投案，后经查劫匪被打成了重伤。根据我国《刑法》规定，肖林的行为属于正当防卫。

（4）刑罚 刑罚是根据刑法规定的，由国家审判机关依法对犯罪分子所适用的限制或剥夺其某种权益、最严厉的强制性法律制裁方法。我国《刑法》总共规定了9种刑罚类型，包括5种主刑（管制、拘役、有期徒刑、无期徒刑和死刑）和4种附加刑（罚金、剥夺政治权利、没收财产和驱逐出境）。

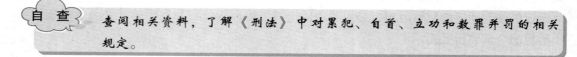
查阅相关资料，了解《刑法》中对累犯、自首、立功和数罪并罚的相关规定。

（5）刑法的追诉时效 追诉时效是指刑法规定追究犯罪人刑事责任的有效期限，在此期限内，司法机关有权追究犯罪人的刑事责任，超过了此期限，司法机关一般就不能再追究刑事责任。我国《刑法》第87条规定，犯罪经过下列期限不再追诉：①法定最高刑为不满5年有期徒刑的，经过5年；②法定最高刑为5年以上不满10年有期徒刑的，经过10年；③法定最高刑为10年以上有期徒刑的，经过15年；④法定最高刑为无期徒刑、死刑的，经过20年，如果20年以后认为必须追诉的，须报请最高人民检察院核准。但刑法中也对追诉期限的延长、追诉期限的计算与中断进行了相关规定。

认真通读《刑法》，加深对犯罪与刑罚知识的了解。

第三节 职业相关法

一、法律在职业中的作用

1. 有利于创造良好的职业环境

良好职业环境得益于社会和谐发展，两者相辅相成，完备的法治建设与和谐社会构建具有高度统一性。完善民主法治和公平正义，对建立和谐有序的职业环境意义重大。不断创新法律体系对加强社会治安，形成良好的社会秩序，保障职业环境稳定起到很好的规范作用，因此无法律则无和谐社会，无和谐社会则无良好的职业环境。

2. 有利于维护职工的合法权益

在司法实践中，职工权益保护往往处于劣势，但制定法律就有保护弱者的目的，因此，职工合法权益要靠法律保护来实现。没有法律对职工权益的保护，要么只能处在道德规范层面，要么经常面临受侵害的危险而无法救助。职工权益一般通过法律权利形式表现出来，法律权利也是职工权益的基本内容。不断完善法律制度对职工合法权益的保护会越来越全面。

3. 有利于规范职业行为

职业行为规范首先来自职业道德规范，道德规范主要通过宣传教育来启迪人们的道德觉悟，坚定人们的道德意志，最终达到自觉遵守的目的，它是依靠社会成员自律来贯彻实施的，但是这种自律性缺少足够打击作用，容易被人违反。法律规范却能凭借国家机器予以强制推行和实施，对敢于违反法律规范的任何单位和个人都能给予处罚，迫使人们必须按照法律规定行事。

4. 有利于国家新经济目标的实现

我国已经明确了全面建设社会主义现代化国家"两步走"战略，勾画出了时间表和路线图，这是我国经济由高速增长阶段向高质量发展阶段过渡的必然结果。实现该目标既需要保障好职工合法权益，又需要提供健康有序的职业环境，还需要法律法规的支撑作用。法由经济基础决定，又对经济具有反作用，法能有效限制不利的职业行为，从而维护正常经济秩序，服务好各类经济活动，对实现我国新经济目标意义重大。

二、与职业发展相关的法律

1.《中华人民共和国劳动法》

（1）劳动法的定义　劳动法就是调整劳动关系及与劳动关系密切联系的其他社会关系的法律规范总和。为了保护劳动者合法权益，调整劳动关系，建立和维护适应社会主义市场经济的劳动制度，促进经济发展和社会进步，在1994年7月5日第八届全国人民代表大会常务委员会第八次会议上通过《中华人民共和国劳动法》（以下简称《劳动法》），到目前为止对其内容已进行多次修订。

（2）劳动法的适用范围　我国劳动法第2条规定："在中华人民共和国境内的企业、个体经济组织和与之形成劳动关系的劳动者，适用本法。国家机关、事业组织、社会团体和与之建立劳动合同关系的劳动者，依照本法执行。"但公务员、现役军人和家庭保姆等情形不适用《劳动法》规定。

（3）劳动者的权利　劳动者的权利主要有：①平等就业和选择职业的权利；②取得劳动报酬的权利；③休息休假的权利；④获得劳动安全卫生保护的权利；⑤接受职业技能培训的权利；⑥享受社会保险和福利的权利；⑦提请劳动争议处理的权利；⑧法律规定的其他劳动权利。

（4）劳动者的义务　劳动者的义务主要有：完成劳动任务；提高职业技能；执行劳动安全卫生规程；遵守劳动纪律和职业道德；法律法规规定的其他劳动义务。

某技术公司在当地报纸上发布了招聘广告，段女士看到后前去应聘，并以第一名的身份通过了笔试和面试。段女士认为自己一定会被录取，于是辞去原工作。但直到其他被录用的人员开始在该公司工作后，公司仍未通知段女士前去上班，在与该公司人事部门联系后得知，公司以段女士为女性，近期可能结婚生子为由拒绝录用。段女士遂向当地劳动行政部门反映此事。根据《劳动法》的规定，该公司违反了妇女享有与男子平等就业权利的规定，是违法行为，当地劳动行政部门应该对该公司的行为予以了纠正。

自　查　请阅读《劳动法》，并结合自己将来的工作写出800字的读法笔记。

2.《中华人民共和国劳动合同法》

（1）劳动合同法概述　劳动合同法是指劳动者与用人单位之间确立劳动关系，明确双方权利和义务的书面协议。在2007年6月29日第十届全国人民代表大会常务委员会第二十八次会议上通过了《中华人民共和国劳动合同法》（以下简称《劳动合同法》）。

制定《劳动合同法》是为了完善劳动合同制度，明确劳动合同双方当事人的权利和义务，保护劳动者的合法权益，构建和谐稳定的劳动关系。该法的适用范围包括：中华人民共和国境内的企业、个体经济组织、民办非企业单位等组织与劳动者建立劳动关系，订立、履行、变更、解除或者终止劳动合同。同时，国家机关、事业单位、社会团体和与其建立劳动关系的劳动者，订立、履行、变更、解除或者终止劳动合同，依照该法执行。

《劳动合同法》规定，劳动合同订立原则包括：合法原则、公平原则、平等自愿原则、协商一致原则和诚实信用原则。劳动合同分为固定期限劳动合同、无固定期限劳动合同和以完成一定工作任务为期限的劳动合同。

（2）劳动合同的订立　建立劳动关系，应当订立书面劳动合同。《劳动合同法》规定合同条款包括必备条款和可备条款。必备条款是劳动合同法生效必须具有的，可备条款是合同双方当事人协商约定的。

1）必备条款包括：

①用人单位的名称、住所和法定代表人或者主要负责人；②劳动者的姓名、住址和居民身份证或者其他有效身份证件号码；③劳动合同期限；④工作内容和工作地点；⑤工作时间和休息休假；⑥劳动报酬；⑦社会保险；⑧劳动保护、劳动条件和职业危害防护；⑨法律、法规规定应当纳入劳动合同的其他事项。

2）可备条款包括：试用期条款；保守秘密条款；培训内容条款；补充保险条款；福利待遇条款等。

案例链接

黄强毕业于某技师学院，专业为汽车检测与维修，在校期间取得了该专业的技师资格证，后应聘到一家汽车4S店工作，并与4S店签订了3年的劳动合同，工作岗位是汽车维修。在合同履行1年半后，公司借口工作需要，未经黄强同意就将其调整到了客户回访岗位。黄强认为自己完全能胜任汽车维修岗位，并且该岗位也需要人员，公司强行变更是不合理的，于是提起劳动争议仲裁，要求公司按劳动合同约定岗位履行。劳动争议仲裁委员会最终裁决岗位强变行为属于违法，应按劳动合同规定继续履行。

（3）劳动合同的效力　劳动合同经用人单位和劳动者之间协商一致，签字或盖章后生效，即签订劳动合同之日起，就产生了法律效力。在司法实践中也会出现由于当事人过错而造成劳动合同失效的现象。《劳动合同法》在第26条规定，下列劳动合同无效或者部分无效：①以欺诈、胁迫的手段或者乘人之危，使对方在违背真实意思的情况下订立或者变更劳动合同的；②用人单位免除自己的法定责任、排除劳动者权利的；③违反法律、行政法规强制性规定的。

案例链接

孙高与某保洁公司签订了一份劳动合同。该保洁公司在合同中约定有"发生伤亡事故本公司概不负责"条款，孙高认为自己有很强的安全防范意识，于是就在合同上签了字。半年后，孙高在清洁某高层外墙时不慎坠落，当场死亡。该保洁公司以合同中规定了对伤亡不负责为由拒绝了死者家属的赔偿要求。死者家属遂向劳动仲裁机构提出了要求保洁公司赔偿的申诉。仲裁机构认为，保洁公司对伤亡的免责条款是违法的，没有法律效力，公司应当对孙高给予赔偿。

> **资料链接**

关于试用期的规定

《劳动合同法》第 19 条规定：劳动合同期限 3 个月以上不满 1 年的，试用期不得超过 1 个月；劳动合同期限 1 年以上不满 3 年的，试用期不得超过 2 个月；3 年以上固定期限和无固定期限的劳动合同，试用期不得超过 6 个月。同一用人单位与同一劳动者只能约定一次试用期。以完成一定工作任务为期限的劳动合同或者劳动合同期限不满 3 个月的，不得约定试用期。试用期包含在劳动合同期限内。劳动合同仅约定试用期的，试用期不成立，该期限为劳动合同期限。

1. 关于《劳动合同法》的知识你了解多少？
2. 试写一份劳动合同。

三、学会处理职业生涯中的劳动争议

1. 劳动争议概述

劳动争议是指劳动关系双方当事人即劳动者和用人单位，在执行劳动法律、法规或履行劳动合同过程中，就劳动权利和劳动义务关系所产生的争议。在 2007 年 12 月 29 日第十届全国人民代表大会常务委员会第三十一次会议上通过了《中华人民共和国劳动争议调解仲裁法》（以下简称《劳动仲裁法》）。《劳动仲裁法》的适用范围包括以下内容：

1）因确认劳动关系发生的争议。
2）因订立、履行、变更、解除和终止劳动合同发生的争议。
3）因除名、辞退和辞职、离职发生的争议。
4）因工作时间、休息休假、社会保险、福利、培训及劳动保护发生的争议。
5）因劳动报酬、工伤医疗费、经济补偿或者赔偿金等发生的争议。
6）法律、法规规定的其他劳动争议。

2. 劳动争议处理的途径

《劳动仲裁法》第 5 条规定："发生劳动争议，当事人不愿协商、协商不成或者达成和解协议后不履行的，可以向调解组织申请调解；不愿调解、调解不成或者达成调解协议后不履行的，可以向劳动争议仲裁委员会申请仲裁；对仲裁裁决不服的，除本法另有规定的外，可以向人民法院提起诉讼。"由该法条可以看出，解决劳动争议的途径主要有协商、调解、仲裁和诉讼 4 种方式。

（1）协商　协商方式主要靠劳动争议当事人自行解决。这种解决方式以双方当事人自愿为基础，没有强制性法律法规规定，以谈判达到双方各自利益需求为目标，双方感觉利益得到基本满足或完全满足后，达成和解协议，劳动争议就会终结。协商的过程中也可以请第三方参与。

（2）调解　争议双方当事人如果愿意调解，可以书面或口头形式向调解委员会申请调解。企业劳动争议调解委员会由职工代表和企业代表组成，一般设立在企业的工会部门。经过调解达成协议，制作调解协议书；达不成协议的，当事人可以到当地劳动争议仲裁委员会申请仲裁。企业未建立调解委员会的，劳动争议可以通过依法设立的基层人民调解组织或在乡镇、街道设立的具有劳动争议调解职能的组织处理。

（3）仲裁　仲裁是劳动争议案件处理时必经的法律程序。劳动争议仲裁委员会的设立需要国家授权，它是依法独立处理劳动争议的专门机构。劳动争议仲裁委员会不按行政区划层层设立。劳动争议仲裁时效为1年。仲裁委员会成功调解后，制作具有法律效力的仲裁调解书，当事人若不服裁决，可以提起诉讼，期满不起诉，视为同意，裁决书发生法律效力。

人民法院

（4）诉讼　劳动争议当事人如果对仲裁裁决不服，可以自收到仲裁裁决书15天之内向人民法院起诉，人民法院根据《中华人民共和国民事诉讼法》相关规定，按照一般民事案件处理，实行两审终审制。特别要注意的是，劳动争议当事人未经仲裁程序不得直接向法院起诉，否则人民法院对案件不予受理。

 如果将来自己工作后遇到劳动争议该怎么办？

资料链接

劳动争议仲裁申请书的内容

劳动争议仲裁申请书是发生劳动争议一方当事人向劳动争议仲裁委员会申请仲裁时所写的一种法律文书。劳动争议仲裁申请书的内容包括首部、正文和尾部3部分。

(1) 首部：

1) 标题。将"劳动争议仲裁申请书"标题写在最上方并居中。

2) 当事人的基本情况。分别写明申请人与被申请人的姓名、性别、出生年月日、民族、职业、工作单位和职务、住址等相关信息。

3) 仲裁请求。简要写明申请人提出仲裁的目的和具体请求事项。

(2) 正文

1) 事实部分。应写明申请人、被申请人之间劳动法律关系存在的事实，以及双方发生劳动争议的时间、地点、原因、经过、情节和后果。

2) 理由部分。要根据劳动纠纷和有关法律、法规、政策阐明申请人对纠纷的性质、被申请人的责任及如何解决纠纷的看法。

3) 证据。要尽可能列举足以证明纠纷事实的证据名称、件数或证据线索，并写明证据来源。有证人的，应写明证人的姓名和住址。

(3) 尾部

1) 致送劳动争议仲裁委员会名称。

2) 申请人签名或盖章。如果是法人，应加盖公章。

3) 申请时间。

 尝试写一份劳动仲裁申请书。

个人成长练习

1. 通过阅读《中华人民共和国劳动法》，熟悉其中的有关条文，提高对劳动者应该享受劳动权利和应该履行劳动义务的认识。

1) 你过去知道劳动者有哪些权利和义务吗？

2) 通过学习和阅读，你新知道有哪些劳动者权利和劳动者义务？

2. 阅读《中华人民共和国劳动合同法》，熟悉有关条文，提高劳动合同签订的风险防范意识。

1) 签订劳动合同时应该注意的问题有哪些？

2) 签订劳动合同时可能会遇到哪些风险？

3) 你找到哪些风险防范措施？

参考文献

[1] 金正昆. 社交礼仪教程[M]. 北京：中国人民大学出版社，2010.
[2] 陈标新，费昕，徐炜. 创赢未来：大学生创新创业教育[M]. 西安：西安交通大学出版社，2016.
[3] 任庆凤. 职业道德与职业能力[M]. 北京：机械工业出版社，2018.
[4] 宦平. 职业指导[M]. 北京：中国劳动社会保障出版社，2017.
[5] 沈壮海，王易. 思想道德修养与法律基础[M]. 北京：高等教育出版社，2018.
[6] 谭志敏. 网络文化与伦理概论[M]. 重庆：重庆大学出版社，2015.
[7] 张红旗，张玉臣. 网络空间安全科普读本[M]. 北京：电子工业出版社，2016.
[8] 中共中央宣传部宣教局，中央电视台《国魂》摄制组. 国魂：社会主义核心价值观全民阅读通识读本[M]. 北京：中国民主法制出版社，2015.
[9] 魏本权，汲广运. 沂蒙红色文化资源研究[M]. 济南：山东人民出版社，2014.
[10] 王建民. 管理沟通实务[M]. 北京：中国人民大学出版社，2015.
[11] 肖庆. 计算机网络基础与应用[M]. 北京：人民邮电出版社，2015.
[12] 王怀明，王君南，张欣平. 管理沟通[M]. 济南：山东人民出版社，2007.
[13] 郑金洲，任真，何小蕾. 领导沟通技巧[M]. 北京：中国时代经济出版社，2008.
[14] 魏秀丽. 员工管理实务[M]. 北京：机械工业出版社，2011.
[15] 张斯忠. 现代青年公共关系技巧[M]. 合肥：中国科学技术大学出版社，2009.